兼農サラリーマンの力

農業の新しい時代が始まる

古屋富雄

栄光出版社

「兼農サラリーマンの力」目次

発刊にあたって

元農林水産省
大臣官房総括審議官
伊藤健一氏

現場の力が溢れる本です

「兼農サラリーマン」というと、「兼業農家」のパロディ的なキャッチコピーかと思う人がいるかも知れませんが、この本を読むと、「農地を守る」ということと「農業はやりたいと思う人がやる」ということを両立させる具体的なアイディアが伴ってて、また、それを実現しようとする献身的な情熱が随所から感じられ、そのパワーに圧倒される思いです。著者である古屋さんの人柄、発想の豊かさ、行動力は知っているつもりでいましたが、改めて現場で実現する力に驚かされ、このような標題を掲げるに十分値する内容だと思います。

国土資源の少ない日本では、農業は特に大事であり、その基盤である農地は国民共有の貴重な財産です。日本の国民一人当たり農地面積はわずか3・6アール（110坪）です。この面積で一人の1年分の食料、すなわち米や小麦や野菜、果物、家畜を育てる飼料などを全て生産することは到底できないので、海外の農地9・7アール（295坪）を使わせてもらって（そこで生産された食料を輸入して）、合わせて13・3アール（405坪）の農地が必要な食生活をしているわけです。ちなみに、よく比較される同じ島国のイギリスは、人口が日本の半分弱であるのに対し農地面積は約4倍ありますから、国民一人当たりの農地面積は28・4アール（861坪）と日本の約8倍です。言ってみれば、イギリスでは農地は有り余っていて、世界の食料需給がどうなっても自分達は食料の心配などする必要がない訳ですから、事情は全く違うのです。

一方、作り手はというと、代々の農家の中に一生懸命頑張っている方々が大勢いて、後継者が育っている家もありますが、必ずしも全ての農家が意欲を持てているわけではないというのが現状です。収益性が低いことが最も大きい問題ですが、そもそも農業だけが家業とされることにも無理が生じていると言えるでしょう。そのため、農地のかい廃やいわゆる耕作放棄地問題が大きくなっています。
農地は大事なので必ず守らなければなりませんが、農業はやりたいと思う人がやる（できる）というようにしていくべきだと思います。ところが、頭の中ではそう思っても、実際の制度やそれを実効あらしめるシステムをどうするかという段になると、農地のかい廃などが進む懸念や私的財産としての農地の権利問題などがあり、難しいというのが現状でした。しかし、この本で紹介されている神奈川県南足柄市での取り組みは、こうやればできるということを具体的に現場で示したものであり、しかも、その意義を日本を取り巻く社会情勢や将来展望との関係で捉えることまでしており、頭が下がる思いです。

このような取り組みを全国的なものに拡げていくためには、国レベルの政策として確立していく必要があるのはもちろんであり、是非検討されるべきと思います。ただ、現場で実践していくための体制、知恵と情熱あふれる人材が不可欠であるということもこの本は示しています。古屋さんが卒業式シーズンの桜として品種開発して各地に配布している「春めき」の苗木のように、この本が苗木となって同じような取り組みが各地に芽吹いていき、政策の確立につながっていくことを期待してやみません。

作家　三戸岡道夫氏

兼農サラリーマンの時代がやってきた

南足柄市の古屋富雄さんのことを、私は「花の金次郎」と言っている。それは、古屋さんが二宮金次郎の報徳精神をもって、「花いっぱい」運動を展開しているからである。

南足柄市には、至るところに四季折々の美しい花が咲いている。古屋さんはこの花で、もっと南足柄市を繁栄させようと、平成7年に「あしがら花紀行」という、南足柄市花いっぱい運動を始め、いま南足柄市は、春は、春めき（足柄桜）、菜の花、野藤、れんげ、夏は、あじさい、花あおい、秋は、酔芙蓉、彼岸花、ざる菊、冬は、ナバナなどの花が満開である。

するとある日、私は古屋さんから「花の次は、兼農サラリーマンですよ」と聞いて驚いた。

兼農サラリーマンとは、はじめて聞く言葉である。

「そうです。いま日本には兼農サラリーマンが増えています。これからは兼農サラリーマンの時代です」

古屋さんは「花いっぱい運動」から、さらに「兼農サラリーマン」へと前進したのである。

私は話を聞いて、なるほどと思った。これこそ日本の農業の新しい方向であり、日本農業再建の道、未来の農業への希望の道である。

日本の農業の現在の問題点は、農家が老齢化して、行きづまりつつある。親は農業をやっていても、子供はサラリーマンになって農業をやらず、いわゆる「兼業農家」が多くなっている。従って耕作を放棄した荒廃農地が増え、十年もたてば日本の農業はやり手がなくなってしまう、というのが一口で言うと日本の農業の現状であり、心配であり、大問題である。

しかしそれと反対に、サラリーマンでも農業に関心を持ち、サラリーマンをやりながら農業をやる人が最近は増えてきており、それを「兼農サラリーマン」というのである。

そして将来は、「兼業農家」に代わって「兼農サラリーマン」が主になっていくというのである。

それは単に言葉だけでなく、それを実行している人が出始め、日本各地に増加しはじめているというのである。

これまで、日曜園芸とか、家庭菜園とか、貸し農園とか、レジャー農園とかいっていたものが、一段と本格化し、定着してきたとでも言えばよかろうか。

しかし兼農サラリーマンは、そのような人達だけでなく、更に日本の将来の農業の危機を憂えるサラリーマンが、意識的に農業へも手を伸ばすという、心強い力も、動きはじめているのである。

日本の農業は、農地法とかいろいろ法律があって、農業以外の者が農業をするには、いろいろ制約が多く、やりにくい点が多い。

それを政府は単に金銭のバラまき政策で現状を糊塗《こと》している。

しかし今や政治も経済も、グローバル化の時代である。新しい道を切り開いていく必要がある。

今度の安倍総理は、「農業を成長産業として推進していく」と明言している。頼もしい限りである。はやくその政策が具体的に実現するのを、期待する。

また、いまの日本は眼の前にＴＰＰという問題を突きつけられているが、これも積極的な方向で対処すべきである。

ＴＰＰは日本の農業を新しい方向に展開させていく、絶好のチャンスである。今の日本の農業は、明治維新である。攘夷ではなく、開港である。

幸い安倍総理はＴＰＰについても前向きな姿勢で臨んでおり、これを機会に日本の農業は新しい方向に進むことが期待できる。

今後の日本の農業は、一般の産業と同じように、大企業と中小企業とになっていくのではあるまいか。

農業の大企業とは、たとえば各県がそれぞれ県営の農業株式会社を作り、そこで各県の農業を専属的に行うのである。

そしてその中へ、現在の農業を吸収していくのである。すなわち、その県のすべての農家が、その農業株式会社に出資する。出資は金銭でなく、その農家の持っている農地を、現物出資するのである。そして農家はその会社の社員として従来通り農業に従事するのである。

従ってそれは大規模農業となっていく。トラクターで耕すとか、ヘリコプターで種をまくとか、刈込機で刈っていくなど、アメリカ式の農業のように、大規模になっていく。その結果、コストダウンが実現し、競争力もついてくる。

また大勢の人が働いているので、自分の後継者が農業を継がなくても、一般から採用すればよいわけであり、現在のように休耕田、耕作放置地の問題はなくなる。そして同時に若者の新しい職場となっていくのである。

それに並行して、大規模化農業では出来ないもの、手の届かないもの、また小規模分散の方が適しているものについては、兼農サラリーマン方式でやっていくのである。

日本の農業は、世界でも一番優れた農地と農業技術、そして勤勉な農業労働者を持った国である。すなわち世界で一番優れた農業国でもあるのである。

一方、地球上では今後急速に人口が増加し、食糧難になる。だから日本の農産物が生産過剰になれば、世界へ輸出すればいいわけである。

大規模農業になるので、コストダウンになり、値段としても輸出可能になる。

今後の日本の経済は、自動車や電気製品などの輸出と並行して、農産物の輸出国としても発展していく可能性があるのである。いや、可能性があるというよりも、今後の世界の食糧難を救う大きな力になるのではあるまいか。

花の金次郎の古屋さんの「花いっぱい運動」は桜の花や菜の花に次いで、今や「兼農サラリーマン」という花が咲いたのである。

しかしその花は今突然に咲いたのではなく、花いっぱい運動を十数年間続けてきた古屋さんの胸の底には、たえず「兼農サラリーマン」という大きな夢が流れていたのではあるまいか。それが今、咲いたのである。

今後も古屋さんは花いっぱい運動を続けていくであろうが、今や兼農サラリーマン圏に突入して、日本の農業、いや世界の農業の最先端を走る人なのである。

兼農サラリーマンの力

―農業の新しい時代が始まる―

はじめに

農業（注1）は自然の営みの中から、その恵みを享受できる人間にしかできない生産活動と考えます。そして、農業を農作物の生産の業、農地を農作物の生産の場として捉える概念を払拭して、農業や農地を市民に開放する時代が来ていると強く感じています。

我が国の農業従事者の平均年齢は、65・9歳と高く、今後もますますその高齢化は進むものと考えます。

また、65歳以上の農業就業人口が6割を超えており、一方、20年後の農業の担い手となる39歳以下の農業就業人口は、全体の約1割弱と極めて少ないアンバランスな状況です。このようなことから、現在の我が国の農業は、65歳以上のシルバー世代に支えられていると言っても過言ではありません。

10年先の我が国の農業を考えてみてください。シルバー世代は、より高齢化し、その年齢層に占める人口は減っていることでしょう。

また、担い手と期待されている年齢層がそのまま確実に農業に従事しているでしょうか、不安を感じずにはいられません。もはや、農業そのものを、農家（注2）やその関係者だけで成り立たせることができるキャパシティーを超えてしまっているのではないでしょうか。

今まさに、このことを社会問題として提起し、国民全体で考えなければならない環境を早急につくる必要があります。

将来の、いや、10年先の我が国の農業を真剣に考えるためには、農業に参加する農家以外の新規参入者を増し、その裾野を広める政策を、国や地方公共団体が実施すべきだと考えます。

国や地方公共団体には、「自給自足をしたい」、「農ある暮らしをしたい」、「田舎暮らしをしたい」など農業や農村に魅力を感じている若い世代のニーズやトレンドに早く気づくことを願っています。

生活費を稼ぎ出すための義務的な生活（就労）以外に、人が人らしく充実した人生を送る権利的な生活（就労）を求める新たなライフスタイルを提案します。

（注1）　農業とは

耕種、養畜（養きん（鶏））、養蜂を含む）または養蚕の事業をいう。

なお、自家生産の農産物を原料にして農産加工を営んでいるものも農業に含める。販売を目的にした観賞用の鉢植えの植物の栽培は農業とするが、貸し鉢を目的とした栽培は農業としない。

（注2）　農家とは

経営耕地面積が10アール以上の世帯、または農産物の過去1年間の総販売金額が15万円以上あった世帯。

専業農家とは

世帯員の中に兼業従事者が1人もいない農家。

第1章　イ農ベーション

1　「兼農サラリーマン」

サラリーマンの平均年収は、平成22年分民間給与実態統計調査結果によると若干の上下の変動があるものの、平成9年の467万円をピークに、400万円に限りなく近い減少傾向を示しています。

このような背景には、長引く景気の低迷や人口の減少などの様々な要因が挙げられ、近い将来、サラリーマンの年収は300万円台がスタンダードになる時代が来ると、経済学者などが提言しています。

なぜなら、経済のグローバル化により、サラリーマンに支払われる人件費は、中国やインドなどの新興国と同額になり、その結果、20代から30代、40代の世代では、その年収が300万円から400万円程度に抑えられる時代が来ると予測しています。また、ヨーロッパやアメリカなどの先進国でも世帯年収が300万円から400万円程度がグローバルスタンダードであり、現在トップレベルの日本のサラリーマンの年収も、否応なくこの国際

第1章　イ農ベーション

水準に近づいていかざるを得ないとも指摘しています。

小泉政権により、数々の規制緩和が実施され、パートやアルバイト、フリーターなど、年収100万円から200万円前後の低賃金のタイプと、正社員で必死に働いてもそのマックスが年収700万円から800万円に留まるタイプに、二分された就労体系が現在のサラリーマンの年収ではないでしょうか。そして、正社員のサラリーマンですらリストラが進み、現在の年収の確保も難しく、より低賃金の傾向は避けられないと考えます。

このように、両者とも経済・営利を優先する合理的な成果主義の賃金体系へとシフトし、生活費を稼ぎ出すための義務的な就労と言わざるを得ない社会構造となっています。

このような社会構造の中でも、人が人らしく、より充実した人生を送るためには既存の価値観を払拭し、新たな価値観を見いだす時代が来ていると考えます。このように、近未来は、給料のみだけでなく、自らが食べる野菜や果物などは自給自足する「農ある暮らし」を取り入れたライフスタイルが20代から30代、40代の世代に支持されるでしょう。

第2次世界大戦後の1950年代半ばに入ると、経済も上昇に転じ、もはや戦後ではなく、当時の政府は、世界に誇れる日本人が持つ技術力を活かした工業加工貿易こそが、資源の少ない日本が目指す経済振興策と位置付けていました。

そして、全国各地に会社や工場が創られ、それらの労働力として、都市部はもとより、地方の農村部からも人材を募集することとなりました。

その結果、第１次産業で生計を立てていた農家も例外なく、会社や工場に勤めることとなり、「兼業農家」（注３）と呼ばれる名称なるものが一般化しました。

一方、現在では、経済学者などによると近い将来、サラリーマンの年収は３００万円台になると提言しています。サラリーマンは、その給料だけでは生活が苦しい状況が予測され、生活費の補てんをしつつ、充実した生活に供するため兼業を余儀なくされる時代が訪れています。

以上のような時代の違いこそあれ、農家もサラリーマンも、兼業をしなければならない社会の必然性があり、その時の経済に左右されるという共通した背景があるようです。

そこで、農家が農業以外の所得を有することで「兼業農家」と呼ばれるようになった経緯と同様に、会社に勤めながら農業を兼業するライフスタイルを「兼農サラリーマン」と位置付け、我が国の農業に新しい風を吹き込み、新しい血を注ぐ「イ農ベーション」の先駆者となることを期待したいのです。

今こそ、ライフスタイルをチェンジする時です。

①サラリーマンをしながら農業ができる。農家になれる。
②誰でもが農地（田・畑）を農家から借りることができ、栽培した野菜や果物も販売できる。
③気になる農業所得の確定申告も安心して、税務署にすることができる。

このようなことができる仕組みが、神奈川県南足柄市の農業委員会によってシステム化されています。

（注3）　兼業農家とは、世帯員のうち兼業従事者が1人いる農家をいい、第1種兼業農家と第2種兼業農家に区分される。

①第1種兼業農家は兼業農家のうち農業所得の方が兼業所得よりも多い農家。

②第2種兼業農家は兼業農家のうち兼業所得が農業所得よりも多い農家。

第２章　新たな農業参入システム

（南足柄市新規就農基準と市民農業者制度）

南足柄市は、神奈川県の西端に位置し、横浜から約50㎞、東京都心から約80㎞の距離にある。周囲にＪＲ東海道新幹線、ＪＲ東海道本線、小田急電鉄小田原線、東名高速道路、国道１号、国道２４６号といった広域交通網を有しており、また、南足柄市中心市街地と小田原駅を伊豆箱根鉄道大雄山線が連絡しています。小田原駅への所要時間は約20分、東京駅までは、新幹線を利用して約60分であり、東京都心や全国からの交通利便性が高く、西方から南方にかけては、富士、伊豆、箱根、熱海といった日本を代表する観光地があります。

この立地条件を生かしつつ、更に新たな観光資源として、四季折々に咲く花による地域おこし「あしがら花紀行」や、花と農業を結びつけた農業経済基盤の確立を目指す「フラワーユートピア構想」を両輪にした、「花トピア」を市独自の都市交流型の農業振興施策に位置付け、その拡大を図っています。

また、農業振興・生産展開の基礎となる優良農地の確保を図ることを基本として、市の農業振興地域整備計画書に即し、引き続き、農村地域の秩序ある土地利用に努めています。


市の農業経営については、昭和40年代から兼業化が進むとともに、農業者の高齢化（基幹的農業従事者（注4）のうち65歳以上の割合は6割を占める）や、後継者不足などにより、農業の担い手の確保が大きな問題になっています。

認定農業者など担い手への経営規模の拡大が困難な状況が生まれ、優良農地が遊休化（耕作放棄）し、その面積は、２０１０年農業センサスによると62ヘクタールに及んでおり、農業委員会による「平成20年度耕作放棄地全体調査」でも62ヘクタールの面積が確認されています。

また、国の食料自給率は39％（カロリーベース）、神奈川県においては3％に過ぎません。


一方、市民の食や農業に対する関心が高まり、安全・安心な農作物を買い求める消費者は、自分の食べる農作物は少しでも自らが栽培するという傾向が出始めています。

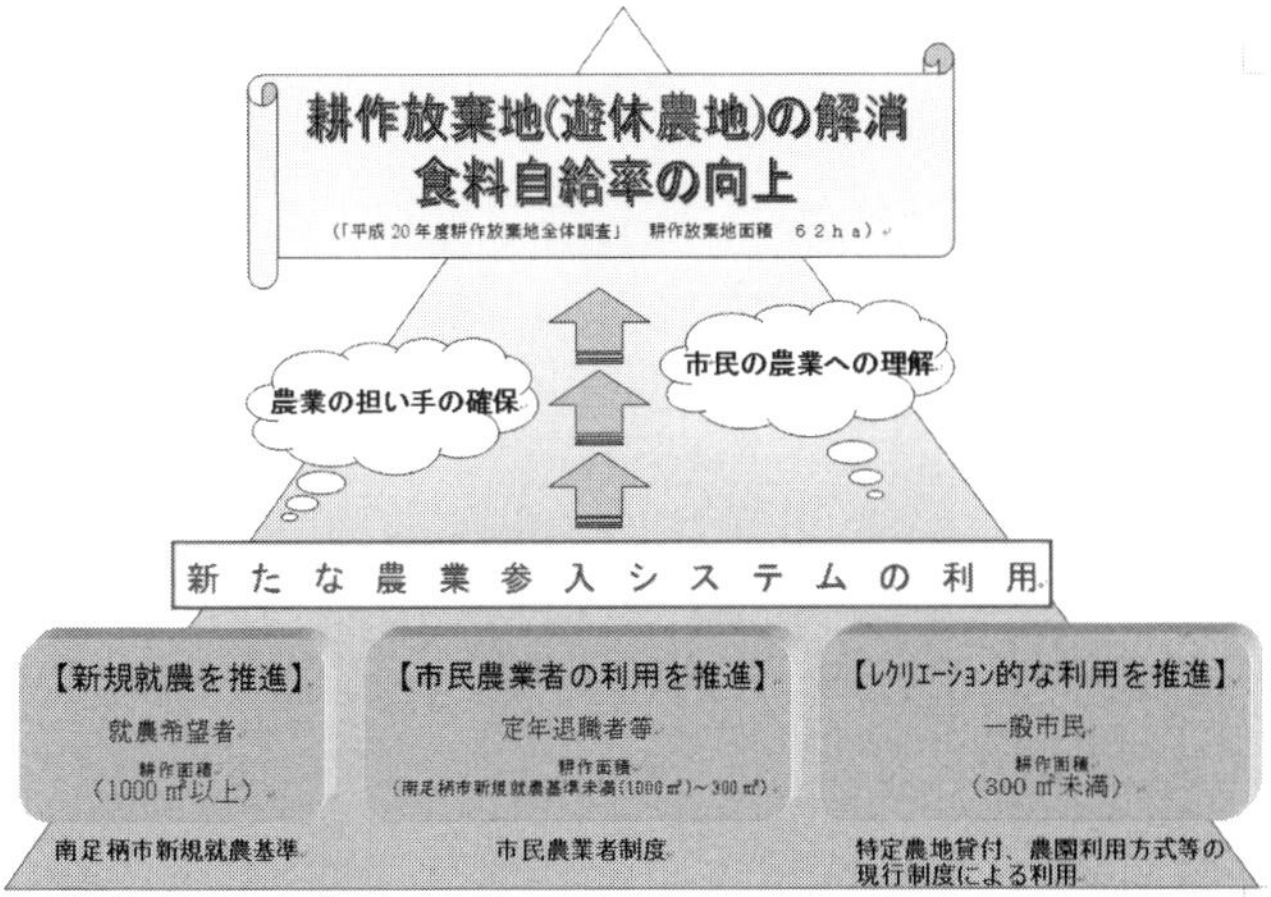

農業委員会では、まず、新たな担い手の確保として「南足柄市新規就農基準」により、自立できる新規就農者（法人含む）の育成をする。耕作面積については、10アール以上で農業経営基盤強化促進法（注5）による農地の貸し借り（利用権（注6）設定）を行う。次に、「南足柄市新規就農基準」の補完的な担い手の確保として、小規模な農地（耕作面積「南足柄市新規就農基準」未満、内規で下限面積３００㎡）について、市の基本構想に基づき作成した「市民農業者制度」により、団塊の世代の定年退職者などを対象にした農地の貸し借り（利用権設定）を行う。

そして、この制度を活用し、3年間の耕作経験を積むことで、「南足柄市新規就農基準」により、農業委員会へ新規就農者として申請（ステップアップ）することもできる。

また、レクリエーション的な農地の利用者（耕作面積３００㎡未満）については、市民農園（特定農地貸付、農園利用方式など）の現行制度による利用を積極的に促す。

このように農業参入や農地利用の選択肢を広げたことにより、農業がより多くの市民に理解を得ることができると考え、国家的な課題である耕作放棄地（遊休農地）（注7）の解消や食料自給率の向上に取り組む仕組みづくりを提起した。

それだけでなく更に、本格的に農業参入したいと希望する相談者が、農業委員会に多数訪れています。このような状況を踏まえ、耕作放棄地（遊休農地）の解消や食料自給率の向上を図るため、市ならではの新たな農業参入システムによる農業の活性化を、農業委員会の主要農業振興施策として目標に掲げています。

1　「南足柄市新規就農基準」の概要について

新規就農者については、神奈川県で先進的に施行されている県知事の認定する「認定就農者制度」があり、年間所得目標や定められた研修を受講した後、「就農計画認定申請書」の認定を受け、農業者になることができます。

しかし、神奈川県農業技術センターかながわ農業アカデミー（旧神奈川県立農業大学校）に入校し、1年間以上の研修を受けるなどの要件があり、社会人が新規就農者になるためには、時間的、経済的な負担が少なくないと考えます。

そこで、県の基準を参考にしつつ、農業に魅力を感じ、やる気のある者が就農できる柔軟性のある基準を作成し、２００８年10月1日から「南足柄市新規就農基準」（第10章参照）を施行しました。

そして、農業委員会が窓口になり、14名の農業委員の協力の下、自立を目指す農業者の育成をする体制づくりを図っています。

新たに就農を希望する者は、農業委員会事務局と就農にかかる相談を行うと同時に、就農希望地区担当の農業委員と調整を図り、耕作面積10アール以上の試行期間用（1年間の期間限定）の「農地の利用権の設定等に関する申出書」及び「就農計画（試行期間用）」を農業委員会に提出します。

１年間を経過した時、就農希望者は地区担当の農業委員による「就農計画履行確認書」を付した「新規就農者認定申請書」を作成し、農業委員会へ本申請を行います。

そして、農業委員会定例総会の承認を受け、農業委員会会長から「新規就農者認定書」が交付され、正式な農家として就農することができます。

2　「市民農業者制度」の概要について

「南足柄市新規就農基準」と同様、耕作放棄地（遊休農地）の解消や食料自給率の向上を図るために、市の基本構想（農業経営基盤の強化の促進に関する基本的な構想、平成19年4月施行）に基づく、農家と市民とが農業経営基盤強化促進法により農地の貸し借りができる仕組みである、「市民農業者制度」（第10章参照）を２００９年９月１日から施行しています。

この制度は、「南足柄市新規就農基準」と連携させ、多様な担い手を確保するものであります。

従って、耕作面積については、「南足柄市新規就農基準」未満とし、「市民農業者制度運用内規」で、下限面積を３００㎡としています。かつ、農業経営基盤強化促進法第18条第3項第2号の要件イ〜ハ（すべて耕作・常時従事・効率的利用）を、農業委員会が満たすと判断した場合に限り、農業による自立を目指さない者（例えば、団塊の世代の定年退職者など）と、農家が、同法により農地の貸し借り（利用権設定）を行うものであります。

市民農業者希望者は、市民農業者用の「営農計画書」及び「農地の利用権の設定等に関する申出書」を農業委員会へ提出します。

また、同制度を活用し、3年間の耕作経験を積むことで、２００８年10月１日に施行した「南足柄市新規就農基準」により、農業委員会へ新規就農者として申請（ステップアップ）することもできます。

当初の農地の貸し借り（利用権の設定）ができるエリアについては、基本構想で指定された遊休農地が増加傾向にある福沢地域としたが、平成22年6月の基本構想の見直しにより、全市域を対象としています。

また、農業委員会の示した「南足柄市新規就農基準」や「市民農業者制度」の目的には、耕作放棄地（遊休農地）の解消や食料自給率の向上を図るため、より多くの市民が農業に携わる仕組みを創ることが、農業への理解が深まるものとしています。そして、その目的を達成するために、「農業の担い手の確保」と、「市民の農業への理解」が、重要な要因と考え、ドイツとロシアの政策を模範としています。

3　農業をより身近なものにしたクラインガルテンとダーチャ

このことは、市民に農地の提供・利用を国の政策として実施したドイツのクラインガルテン（市民農園）やロシアのダーチャ（菜園つきセカンドハウス）にその成果を見ることができます。

ドイツやロシアでは農業をより身近なものにしたところ、国などが進める農業政策に市民が理解を示し、その結果、優良農地の確保や食料自給の必要性などが、国民的レベルで高まりました。

① ドイツのクラインガルテン

ドイツのクラインガルテンの歴史は、旧東ドイツのライプチヒ市の市議会議員ゼーブルク博士が、1832年に失業対策の一つとして、都市住民により開墾させた農園から始まるとされています。古くはイギリスの労働者の救貧対策として、同様な手法があったとも言われています。

その後の普仏戦争や、第1次世界大戦では、食糧自給政策として進められましたが、第2次世界大戦後は、クラインガルテンから生産される農産物は、市場の3〜4割を占めるほどに都市部では定着しています。

このような取り組みを肌で感じるため、平成19年11月に、ミュンヘンのクラインガルテンの視察をいたしました。

現在のクラインガルテンは、土地の確保や造成工事などは自治体が行い、（1区画面積は平均300㎡）、利用者が集まるクラブハウスは、利用者が共同で建設する。利用者個人が利用するラウベ（キッチンや休憩できる約25㎡の小屋）については、利用者個人が建

ハーニストクラブ会長と（会員150名・面積約５ヘクタール）

ラウベ　建物面積　約25㎡

設する。また、全体の管理運営については、クラインガルテン協会が行っているとのことでした。

そして、３００㎡のクラインガルテンには、野菜や果物のほか、バラなどの季節の花々が栽培され、週末のラウベではティーパーティーや音楽鑑賞が行われるなど、食料生産の場から、余暇活動の場へと様変わりしていました。

②　ロシアのダーチャ

１９３０年代、ソ連政府の福祉政策の一環で、都市住民の労働者に休息の場として、郊外の土地がダーチャ（平均６００㎡で現在は家庭菜園付き別荘として利用）用地として、無償で譲渡されました。

第２次世界大戦後の食料難を解消するため、ダーチャでの野菜づくりが奨励され、１９６０年代後半のモスクワでは、85万人の市民がこのダーチャで、週末には農業にいそしむようになったとのことです。

１９９０年代初頭、ソ連崩壊により、深刻な物不足が始まったが、自分の食べるものはダーチャで作ることで、自給自足体制を市民自らが実施し、必要最低限の食糧を確保することが出来ました。その結果、暮らしの中に「農業」を取り入れたダーチャが、この非常事態を回避することに繋がったとされています。

国民の約8割が家庭菜園付きの別荘としてこのダーチャを所有しているロシアでは、いざというときの自給自足文化が醸成されていると言えます。

③　クラインガルテンとダーチャから見えてくる「農業」への理解

視察したドイツのバイエルン州の農業大学校での農業についての聞き取りで、大変驚いたと同時に感心させられた仕組みを紹介します。

ドイツでは、所得や売上を伸ばした個人や企業が社会的に評価されることはなく、1本でも多く木を植え、環境に配慮・貢献した個人や企業に、高い評価がされていると聞かされました。そして、ドイツ国内がグリーンベルトで結ばれることが、この国の目指す環境指針であるとのことでした。

あとで述べさせていただきますが、ドイツを視察する際には、私が品種の登録を受けています「春めき」という、3月の中下旬に開花する桜の提供の申し入れを行いました。しかし、花の咲くことより緑を増やすことが優先され、「春めき」の提供までの話には発展しませんでした。日本人の私は、花も咲き、緑も確保できる桜は受け入れて頂けると思って臨みましたが、価値観の相違とあきらめた次第です。

南足柄市農業委員会のメンバー

話が前後したが、聞き取りの中で、州の目指す農業を実践する農家には、資格を取得させ、育成支援を行う体制が、構築されているとのことでした。いわゆる、ドイツ式の「マイスター制度」が、農業分野にも適用されていました。

ドイツも日本と同様な州単位の農業大学校があります。その州の目指す農業については、環境に負荷を与えない環境保全型や、資源循環型などがその基本方針とされ、その方針に沿った教育を2年間受け、その資格、マイスターを取得した農家には、何と最高4、000万円超の補助金が支給されるとのことでした。

日本では、とても考えられない額の支給金

額です。

しかし、このような高額の補助金の支給ができる背景には、農業に対する「市民の理解」があって、初めて成り立つ補助制度です。そして、市民が、いかに農業をその国の基となる産業であるかを、国民全体で認識している社会そのものに、カルチャーショックを受けた次第です。

南足柄市農業委員会では、このクラインガルテンやダーチャがもたらした効果を参考にして、「南足柄市新規就農基準」と「市民農業者制度」を発足させました。

今後は、この二つのシステムを連携させ、多様な担い手を確保し、南足柄市をはじめとした足柄地域、更には日本全体の農業の活性化に繋げたいと考えています。

以上私が、南足柄市農業委員会事務局長時代に取り組んだ、新たな農業参入システムである「南足柄市新規就農基準」と「市民農業者制度」の概要です。

（注4）　基幹的農業従事者
農業に主として従事した世帯員のうち、普段の主な状態が「主に農業」である者
（注5）　農業経営基盤強化促進法
１９９３年（平成５年）に「農用地利用増進法」を改正し新たに制定された法律。効率的かつ安定的な農業経営を育成し、これらが農業生産の相当部分を担うような農業構造を確立するために、農業経営の改善を計画的に進めようとする農業者に農用地の利用集積、経営管理の合理化その他の農業経営基盤の強化を促進するための措置を講じることにより、農業の発展に寄与することを目的として制定された。

耕作目的の農地の貸借について、農地法の規制を緩和し、農地の有効利用と流動化を進め、農業経営の改善と農業生産力の増進を図ろうとするもの。

認定農業者制度、農業経営強化促進事業（利用権設定等事業、農用地利用改善事業等）、農地保全合理化事業は本法を基に行われている。
（注6）　利用権
農業経営基盤強化促進法に定められる、①農業上の利用を目的とする賃借権もしくは使用貸借による権利、②農業の経営の委託を受けることにより取得される使用及び収益を目

的とする権利のこと。

同法により設定された農地の賃貸借は、農地法第3条の許可を必要とせず、小作地所有制限や解約等の対象とならない。

（注７）耕作放棄地と遊休農地
耕作放棄地とは、農林業センサスで使用する用語であり、センサスの調査以前1年以上作付けをせず、今後数年の間に再び耕作するはっきりとした意思のない土地をいうとしています。遊休農地とは、農地法や農業経営基盤強化促進法で使用する用語であり、耕作放棄地や不作付け地等のこと。過去1年間以上の間（実質的には2年以上）、不作付けの状態となっている農地のことです。

また、共に同じ意味と解釈してよいと考えます。本書では、耕作放棄地の表現を多用しています。

タウンニュース®

株式会社タウンニュース社 ☎0465-35-3980(代) FAX0465-30-1290 足柄編集室・〒250-0042小田原市荻窪306 http://www.townnews.co.jp
発行責任者／宇山 知成
編集長／高野いつみ

金太郎のふるさと 南足柄

春めき 桜の祭典

春めき桜誕生秘話

『あしがら花紀行』推進担当課長 古屋富雄さんに聞く

春めき（桜）品種登録・育成権者である、古屋富雄さん（南足柄市塚原）が"春めき（桜）"を発見したのは、今から20年ほど前のこと。

古屋さんの親戚にあたる瀬戸貴之さん（同市千津島）宅の庭先にあった「彼岸桜」と呼ばれている桜の中に、色鮮やかで花数の多い枝変わりの桜を見つけたのが始まりです。"一枝をもらいうけ、独力で生態を研究。類似品種のケイオウザクラと標準品種のソメイヨシノと3種の桜の色や大きさ等100項目以上を数年かけて調査。そして、足柄地域農業改良普及センター等の協力を得て平成8年に農林水産省に「足柄桜」として品種登録の申請。名前に「桜」を使えない事から"春めき"と変更し、平成12年3月に農水省から品種の登録を受けました。名前は、"春めく季節に先駆けて咲く桜"ということから古屋さんがネーミングしたものです。

母樹である瀬戸さん宅の桜のルーツは約60年前、同所の故加藤真佐己さんが松田町の知人からもらい、加藤さんからの根分けで増やされた桜の一つと想像されます。申請にあたり加藤さん宅を訪れた古屋さん。「とても喜んでくれたのを覚えています」。古屋さんは、同市が推進している花による地域おこし"あしがら花紀行"の担当課長でもあり、市民の心強い窓口になっています。

古屋さんの[illegible]"春めき"は、近隣をはじめ岩手県や熊本県など全国に[illegible]現在までに2千本以上を無償で寄付。

ようこそ南足柄へ

南足柄市長 沢 長生

春うららかな陽気に誘われ、足取りも軽く、訪れてみたくなるこの足柄路。今、春めき桜や菜の花をはじめ、季節の花々でいっぱいの「あしがら花紀行」が市内3会場で、みなさんのお越しをお待ちしております。

春爛漫の花々のごとく、いやそれにもまして、南足柄の市民パワーも笑顔満開。そして、金太郎のように元気一杯でみなさんをお迎えします。

ご家族、ご友人お誘いの上、南足柄の「春の祭典」を心ゆくまでご堪能ください。おおいに歓迎いたします。

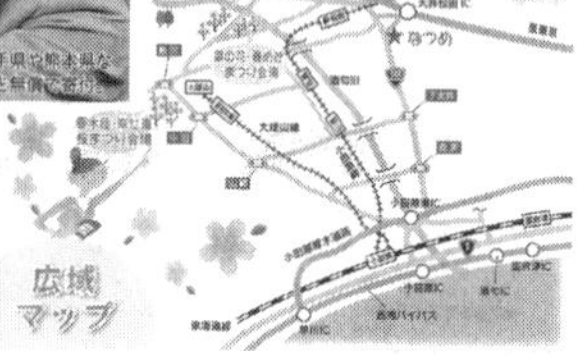

春めきの紹介

ソメイヨシノよりも約半月早い3月中旬に開花する"春めき"。花色はやや紫がかった鮮やかなピンク色で、密集して花が数多く咲くので、高い観賞性があります。香りが豊かなのも特徴の一つです。樹高は5～8メートルとコンパクトなので、一般のご家庭でも庭先に植えて楽しむこともできそうです。

■南足柄市役所
☎0465-74-2111(代)

■足柄Ⓑ版／No.1295平成21年3月7日㊏号 "春めき" 桜の祭典 増刊号

第３章　南足柄市における新規就農者と市民農業者の紹介

新規就農者と市民農業者を紹介する前に、新規の就農者の受け入れ体制として、耕作放棄地を再生した南足柄市農業委員会の取り組みを紹介します。

当委員会では、２００８年に、耕作放棄地の解消対策事業として、耕作されていない農

耕作放棄地

雑草や小灌木の整理作業

トラクターによる整備

地、約3000㎡の再生作業を開始しました。

1年目は、会員が草刈り機などにより生い茂った草を刈り、自生してしまった小灌木を除去する作業を進めました。次にトラクターによる農地の整備を行い、農作物が耕作できる農地に再生しました。そして、市内の小学校等への「食育」の食材を提供する目的で、タマネギの作付けを行いました。

タマネギ畑に再生

タマネギの収穫

また、小学校や福祉協議会からは、提供されたタマネギを、カレーや肉ジャガにして食べるとともに、みんなで「食」に関する話し合いが行われ、とても有意義な時間を共有することができたとの報告がされました。

このようにして再生された農地は、2年目には、当初の目的どおり、新規の就農者2名に利用権の設定がなされ、新たな農業の参入の場づくりがなされました。

１　有機自然農法を実践する新規就農者

農業委員会が再生した農地の下流は市街地であります。

なぜ、このような農地を選定したのかについては、二つの理由があります。一つ目は、新規に農業を目指す者の多く（９割以上）が、有機自然農法を希望しています。そして、この農法は、野菜も雑草も共生した栽培方法を基本としているため、雑草の種や病虫害が広がる恐れがあります。そのため、周辺の農家に迷惑をかけることが回避できる場所として、下流に農地がないことが条件と考えました。

また、二つ目は、多くの人に理解を得るためのモデルの場として、県道沿いの場所を選定しました。

委員会の再生した農地３０００㎡のうち２３００㎡に対して、有機自然農法を実践する新規就農者として、隣市の小田原市に居住している久保寺泰之さん(46)が申し出ました。

彼が農業を目指す原点は、おばあさんが有機栽培で作ったその野菜のうま味だそうです。

未だに忘れられないとのことです。その味を多くの人に届けようと当然のように有機自然農法を目指すことになりました。

彼は、10年ほど前に、東京・西麻布の一流イタリアンレストランでホールサービスをしており、プロの料理人が使う様々な食材を眼にし、将来はこれらの食材を自分自身で作ってみたいと思うようになったとのことです。

そして、その気持ちはますます強くなり、就農準備として、築地の青果市場で働くことになります。

その後、小田原市に転居し、市役所やJAなどに農地の借り受けを依頼したが、すべて断られました。

そのような時、自然農法を実践するNPO法人の代表から、南足柄市の農業委員会を紹介され、新規就農の相談にきたのです。

当時、私が農業委員会事務局長をしており、彼の第一印象はというと、黒く日焼けした顔で、肩幅も広く、まるでプロレスラーのように感じました。農業を語る眼は、キラキラ輝き、この人なら農業一本でもやっていくことができると直感しました。

事務局の面接には、私以外に局長補佐も同席し、農業の厳しい現状をこんこんと話し、それでもめげずにやり抜こうとする気構えを確認することができました。そして、月の終

委員会の総会時のプレゼンテーション

わりに開催する農業委員会の総会に出席してもらい、農業への熱い思いをプレゼンテーションしてもらいました。

14名の委員全員が新規就農を認め、会員が再生した2300㎡の農地で利用権の設定を行い、温かく見守ることとしました。

現在、彼は、その農地にズッキーニやトマト、ナス、葉物野菜など、1年間を通した農作物の栽培を手掛けており、年収は約100万円を上げています。

100万円という年収は、金額的には、非常に厳しい額ですが、彼には、金額以上の価値あるものが手に入ったようで、今後の活躍を願わずにはいられません。

また、彼の取り組みについては、新聞社などからの取材も多く、忙しい時間を削いて、

久保寺さんのほ場

ＪＣ総研の取材時　左が久保寺さん

対応している姿勢がとてもすがすがしく感じます。

「がんばれ、久保寺さん」

2　会社に勤めながらイチジクを栽培する新規就農者

次に、委員会の再生した農地3000㎡のうち、残りの700㎡でイチジクの慣行栽培を実践する新規就農者として、隣町の開成町に居住している石井仁さん(45)がおります。

彼は、働きながら農業で高収入を上げたいと常々思っていました。10年ほど前に南足柄市の隣町である開成町に家を新築し、家計の足しにしようと家庭菜園を始めたそうです。そして、土に触れる楽しさを知り、より広い畑で農作物を作りたいと思うようになったとのことです。

そして、町内や周辺の町で農地を貸してくれるところを探しましたが、農家でないとの理由で、どこも断られました。

しかし、彼は、あきらめることなく神奈川県の新規就農を担当する部局を訪れ、その結果、南足柄市の農業委員会を紹介されました。

そして、農業委員会事務局で面談を受けました。彼の第一印象は、多少気弱な感じがしましたが、久保寺さん同様、農業のことを話し始めると、まるで別人のようにキラキラした眼の輝きに変わって行ったことが思い出されます。

彼は、会社に勤めつつ、高収入が上がる農業を目指したいとの希望があり、その時、私は、即座にイチジクの栽培を勧めました。勧めた理由については、イチジクの人気の高さ、特に、女性に非常に人気のある果物で、なおかつ、販売単価も他の果物より断然高値で取引されていることです。

そして、当時の農業委員さん2名がイチジク栽培農家だったため、その栽培指導を受けられるなどの、人的サポートも整っていることも大きな理由として挙げられます。

相談した時が久保寺さんと同じだったため、プレゼンテーションも同時に行い、その結果、委員全員の賛成を頂き、晴れて就農することができました。

また、彼の借り受ける農地は、委員会の用意した農地以外にも利用権の設定を希望し、1000㎡を超えたため、市民農業者の適用でなく、新規就農基準を適用させ、兼業農家として育成することとしました。

現在、イチジクの売り上げは80万円ほどになり、来年以降が楽しみになるような経営状

イチジクの収穫

美味しそうなイチジクですね

況です。また、彼は、ＪＡの組合員になり、イチジクは、ＪＡの果物選果場へ出荷しています。

イチジクの収穫は、8月から12月初めまで行います。そして、その収穫は、朝の5時頃から始め、7時には、出荷するため、会社勤めをしながらこの作業することは、並大抵の人間ではできません。しかし、会社に行く前のウォーミングアップと捉え、苦もなくたんたんとその作業をする彼の姿には、頭が下がるばかりです。

10月にもなると日の出は遅くなり、朝の5時は、まだ真っ暗でありますが、彼は、太陽電池を利用した照明器具を園内に設置するなど、機転のきく人間と感じました。

私も、何度か、この時間に彼を訪ねていますが、イキイキと作業する姿は、やはり農業が好きなんだなあと、つくづくと感じました。

「がんばれ、石井さん」

3　自給自足を目指す市民農業者

次に、市民農業者制度を利用して農業を始めた西山和将さん(35)の紹介をします。彼が農業へ興味を持ったのは数年前に書店で手にした本がきっかけでした。

そして、書かれていた自給自足ができる農業のノウハウに触発され、農業への道を目指すようになったとのことです。

彼は、会社に勤めておりましたが、兼業で農業がしたいと考えていました。

そして、居住している平塚市に相談したところ、神奈川県農業技術センターかながわ農業アカデミーを出ていないと、農地を借りることはできないと言われました。

かながわ農業アカデミーは、本格的に農業をする経営者を養成する農林水産省関係の大学校であり、修業期間が1年と2年の二つの課程があり、どちらかを選択すればよいのですが、会社に勤めながら大学校に通うことはとてもむりであると感じました。

そんな時、農業関係の雑誌で、農家でなくても農地を借りることができて、なおかつ、農作物の販売や確定申告までもできる南足柄市の「市民農業者制度」を知り、心が躍り、早々に南足柄市の農業委員会事務局を訪ねたとのことでした。

面談は、私と局長補佐で対応しました。その時の彼は、だいぶ緊張していたという印象があります。

彼は、南足柄市で職を探し、小規模な農地（300㎡〜1000㎡）で、自給自足ができる農業を望んでおり、当然ですが有機自然農法を行いたいとのことでした。

また、農業を語る姿は、礼儀正しく、多少控え気味でありましたが、熱いものを感じました。

そして、職が決まったらもう一度、面談を行うことにしました。数ヵ月後、介護関係の仕事が決まり、再び、面談を行いました。この時私は、既に彼が希望するような農業ができる農地を何ヵ所か用意しておきました。

彼の希望は有機自然農法ですから、用意した農地は、周辺の農家に迷惑の掛からない場所で、草刈りなど多少の管理はなされているが、その周辺も同様な状態であるような農地です。このような農地なら周辺の農家との確執も避けられるだろうと考えた結果です。

早速、彼と農地を貸していただける農家の方と3名で、その農地に出向き、相互の了解を得ることができました。

そして、委員会の総会でのプレゼンテーションも、控え気味ではありましたが、誠実な人柄などが評価され、委員全員の賛成を頂き、「市民農業者」として、スタートを切ることができました。

現在彼は、約600㎡の農地を借り受け、地主さんが植えた栗の木はそのまま利用し、その下草として、フキやミョウガなどの山菜を栽培しています。

鶏小屋の前に立つ西山さん

また、畑の一部には、ササゲ（豆）や陸稲、野菜などの栽培にもチャレンジしています。そして、10～15羽が飼育できる鶏小屋を手づくりで建て、卵を自給するとともに、鶏フンを利用した有機肥料の確保を目指しています。

２０１２年10月に彼がどのように農地を管理しているか現地を確認に行きました。既に、小さな鶏小屋ができており、これから鶏を購入するとのことでした。

そして、農地を見渡したところ、老木化した栗の株からナラタケ（キノコ）が自然発生していました。

彼は、このキノコが食べられるかどうか、誰かに聞こうとしていた矢先のことでした。私は、このキノコは、地元では、「アシナガキノコ」と言って大変貴重なものであり、ナ

自然発生したナラタケ

スと一緒に油で炒め、うどんやソバの汁として食べると、この上なく美味しいキノコであると教えました。

彼は、私が教えたレシピに沿い、汁を作り、うどんを入れて両親と食べたところ、非常に美味しかったとの電話がありました。

市民農業者制度は、彼のようにサラリーマンをしながら、小規模な農地（300㎡〜1000㎡）を借り受け、自給自足を目指す者には、打ってつけの仕組みと考えます。

彼は、忙しい介護の仕事の合間に、この畑で作業をしていますが、大変だとか、疲れるだとかは一切ないそうです。この畑に来ること自体が、ウキウキした気分になり、最大のストレスの発散だと話していました。

「がんばれ、西山さん」

4　定年後みかん農家になった校長先生

次に、横浜市立の小学校で校長先生をしていた、藤本貢さん(66)の紹介をします。藤本さんは、近隣の中井町に居住し、横浜市立の小学校で校長先生をしていました。そして、60歳の定年退職を契機に、将来はみかん農家になりたいと密かに考えていました。そのため、神奈川県で実施している耕作放棄地を利用した、みかんの苗木を植え、育てたいという人を募集する「オレンジホームファーマー」という事業に夫婦で参加し、研修を受けていました。

しかし、この事業では、みかんの栽培についての技術は習得できるが、みかん農家としての道は開かれていませんでした。藤本さんのように、みかん農家になることを希望する人が多く見受けられるとのことで、県の担当者から私に、南足柄市の「新たな農業参入システム」の講演の依頼があり、お話しをさせていただきました。

その時の質疑応答で、藤本さんから「60歳を過ぎても農家になれるのですか」という質問がありました。私は、「体に自信があり、やる気のある人なら大歓迎です」と対応しました。それから数日後、藤本さんから電話が入り、農業委員会事務局で面談をすることとなりました。

藤本さんは校長を退任後は、横浜市内の小学校で週3日の非常勤の教師として、小学5年生の社会科2クラスと、6年生の理科2クラスを担当しています。

そして、農業委員会のプレゼンテーションで、どうしても、みかん農家になりたい意気込みを語られました。

しかし、その時点では、希望する規模（10アール）程度のみかん畑の貸し手がなく、この件については、農業委員会事務局預かりとし、少し時間を頂くこととなりました。

運良くプレゼンテーションした翌日に、元市の職員の女性から、友達がみかん畑を貸したいからその相談をしたいという電話が入りました。内容は、ご主人が亡くなり、畑の管理が出来ないので誰かに貸したいとのことでした。

早速、連絡を取り、藤本さんにその人を引き合わせたところ、お互いの第一印象に好感があったとのことで、希望したみかん畑10アールを借り受けできるようになりました。正直、こんなにスムーズに物事が運ぶ様を実感できたことは、生まれて初めての経験であると共に、藤本さんの持っている農業に賭ける情熱がそうさせたのではないかと思わずにはいられませんでした。

収穫期間近い、きよみオレンジと藤本さん

そして、貸主の家には、みかん栽培に必要な道具、例えば、消毒用の自動噴霧機や農地を耕す中耕機等のほか、水稲栽培用のバインダー（稲刈り機）やハーベスター（自動脱穀機）、もみすり機が農業倉庫に収納されていました。そして、出来れば、これらの農機具の全てを格安で買い上げて欲しいとの要望が出されました。藤本さんは、みかん栽培のほかに、米づくりにもチャレンジしたいと思っていたので、すぐに買い上げを了承しました。

また、米づくりに必要な水田についても、これもまた運良く、５アールの水田を貸してくださる申し出が農業委員会事務局に寄せられ、借り受けできることになりました。藤本さんは、みかん農家になるだけではなく、米づくりをする農家へと幅を広げることとなりました。

そして、このことが5年生の社会科の授業に活かされることに繋がるのです。社会のカリキュラムには、〝日本の国土とわたくしたちのくらし〟があり、

1　調べよう日本の農業

2　考えようわたくしたちの食生活のこれから

3　学びの広場、地産地消～地元でとれたものをその地域で

についての学習が記載されていました。

タイムリーなことに、藤本さんの実体験そのものを、実践的な学習として子どもたちに教えることになったのです。

その効果は、てきめんだそうです。先生が実際に体験しているから、生徒たちにその話を聞きもらさずに聞こうとする姿勢が見られ、充実した授業が展開できるそうです。

また、小学校では「総合的な学習の時間」として、小さな水田で、米の栽培をしています。

しかし、残念ながらその担当の教師は、農業をしたことがないため、藤本さんは、自分

5年生に教えている社会科の本

自身の体験を通した米の栽培技術や管理などについてアドバイスする立場となり、サポートできることに喜びを感じているとのことです。

藤本さんは、通り一遍の上《うわ》っ面《つら》の教育でなく、実践に基づいた経験は、子どもたちにより深い理解を与えることができると言い切っておられました。

また、学校の給食についても、物価が上がっている中、子どもたちに良い物をたくさん食べて欲しいとの思いが募っているとのことです。

給食については、米飯給食を増やすべきだと考えられています。なぜなら、パンに比べて米の方が安価なため、その差額分をおかずに回すことができるため、米飯給食を優先するとの考えに基づくものです。

そして、家庭でのご飯離れが進んでいることについても、藤本さんは懸念されていました。さらに、子どもたちには、小麦のアレルギーが多く見られることを心配されており、パンの原料についても、小麦ではない米粉を使ったパンの利用を提案されていました。

そして、自らの米づくりを通して感じたことは、子どもたちのご飯離れを防ぐためには、子どもたちに美味しい米を食べさせることが必要であり、農業と食料の大切さを子どもたちに伝えることが、与えられた使命と言っておられました。

こうした、藤本さんの考え方や生き様は、未来を担う子どもたちに、農業を通して知ることができる、豊かな心を育む、実践的な教育であると感じました。

現在も、週3日の非常勤の教師として教壇に立ち、子どもたちに社会科や理科を教えつつ、みかんや米の栽培に汗を流す藤本さんは、体の続く限り農業と教師の両立を続けたいと力強く語られました。

「がんばれ、藤本さん」

5　主婦業・パート社員そして農業

最後は、主婦業、パート社員、農業をこなす久神見和子さん(52)の紹介をします。

見和子さんが農業を始めたのは、家の近くでキウイフルーツの栽培をしている武井さん(85)の手伝いを、夫の裕司さん(52)とともにしたことがきっかけだそうです。

そして、武井さんが高齢のため、キウイフルーツの栽培が難しくなり、久神さん夫婦に、この畑を買ってもらえないかと相談されました。

しかし、久神さん夫婦は、農家ではないため農地の購入はできませんでした。

そこで、隣町に住む見和子さんの父親（農家）に相談したところ、見和子さんが農業をする意志があるなら、父親名義で購入しようということとなり、武井さんの所有するキウイフルーツ畑（10アール）と梅畑（７アール）を購入しました。

しかし、見和子さんが、農家になるためには、農地法で定められた下限面積（30アール以上、南足柄市）を超える必要があり、それが大きな壁として立ちはだかりました。

このことを受けた父親は、ＪＡに相談したところ、南足柄市の農業委員会へ行けば、農家になれる制度があると聞かされ、見和子さんは、南足柄市の農業委員会事務局を訪ねることとなりました。

面談を受ける見和子さん

この時は、私が面談をさせていただきました。見和子さんの第一印象は、本当にこの人、農業をやるのかなと思いました。なぜなら、容姿端麗で都会的な雰囲気を持った女性であったからです。いろいろな聞き取りを行ったところ、見和子さんの農業への熱い思いが感じられ、この人なら大丈夫と判断し、農業委員会の総会で了承され、正式な農家としてスタートすることができました。

主婦でもある見和子さんは、近くにある観光ビール園のレストランでパートをしています。これまでは、武井さんの手伝いであったから良かったのですが、これからは、自分自身で業として農業をしなくてはなりません。

そして、キウイフルーツや梅の栽培技術も身につける必要があると感じ、早速JAの正組合員の申し込みを行いました。ＪＡでは、キウイ部会に入会し、栽培に必要な剪定（枝等を切ること）や消毒、施肥等の講習を受けることができ、併せて、梅の管理についても教えを請うことができました。

このように、ＪＡの正組合員になると本格的な技術指導を受けることができ、また、収穫したキウイフルーツなどについては、ＪＡが責任を持って買い入れてくれるので安心ですと言っておられました。

見和子さんは、キウイフルーツや梅のほかに、梅畑の空いている土地を利用（間作）してピーマンやオクラ、青ジソ、バジルなども栽培しています。この梅畑は、山の中にあるため、鳥獣の被害を受けやすく、それらから忌避《きひ》できる野菜として、ピーマンやオクラなどが有効と考えたからです。

そして、これらの野菜は、自家消費分を除き、パート先のビール園の売店で販売させてもらっているとのことです。

また、梅についても同様、自家消費や友達にプレゼントした後の余剰分は同様に販売をしています。

そして、見和子さんは、一人で農業をしているのではなく夫の裕司さんも協力してくれると同時に、ＪＡの講習会には必ず夫婦で参加し、共に農業技術の習得を目指すことを心

収穫したキウイフルーツ

がけています。

また、夫婦は、地域のコミュニティーには、深く関わりを持つことを信条とし、地元のボランティア団体である、桜やモミジ等を管理している「里山の会」へ入会し、人々との交流を通してできる新たな繋がりが、なによりも嬉しいと言っておられました。

見和子さんは、研究熱心で農業技術も短期間で習得し、就農して2年目には、専業農家に劣らないキウイフルーツと梅が収穫できるようになりました。

しかし、ここで問題が生じることとなりました。

ビール園のレストランでの勤務が、農業を続けるための足かせとなりつつありました。

しかし、そんな心配も一掃される職場の理

解が示されたのです。なんと、見和子さんの農業を応援しようと職場の仲間が「久神さんは、基本的には、土曜・日曜そして、多忙期の勤務でＯＫです」という、農業を優先した勤務体系を提示してくれました。

このことを聞いた途端に、自然に涙が溢れ出たとのことでした。素晴らしい出来事が農業を通してプレゼントされました。

見和子さんの夢は、夫の裕司さんが会社を定年退職したら自然体で地域に溶け込んだ農ある暮らしをすることと、大きな目を少女のように輝かせ語られました。

「がんばれ、見和子さん、そして裕司さん」

全国農業新聞

2011年（平成23年）11月25日（金）

農地と担い手を守り活かす

活動する農業委員会

「農業委員会職員現地研究会」から

全国農業委員会職員協議会（石田高徳会長）は10月、東・西・中の全国3ブロックで「農業委員会職員現地研究会」を開いた。「『地域の農地と担い手を守り活かす運動』の推進に向けて」をテーマにしたパネルディスカッションでは、新たな農地制度の適正執行と地域農業の振興に向けて活動する農業委員会からの実践報告や全体討議が行われた。活動報告を行った農業委員会の中から3つの取り組みを紹介する。

市民農業者制度などで小規模な就農者を確保

□神奈川・南足柄市農業委員会

南足柄市農業委員会は、新たな農業参入システムにより、農地の有効活用を進めると同時に、多様な担い手の確保を図っている。

同市は2008年、農業委員会の提案を受け「新規就農基準」を策定。農業委員会が窓口となり、新規就農希望者から就農相談を受けると同時に、市の基本構想に基づき10㌃以上の農地を1年限りで利用権設定する。1年後、地区担当の農業委員の確認書を添えて農業委員会に新規就農認定を申請。総会で承認されると新規就農者に認定され、新たに利用権設定を受けて本格的に就農する仕組みだ。農地のあっせんや技術指導なども地区担当農業委員が支援し、これまでに8人の農業者が誕生している。

09年には、定年退職者などを念頭に考えた「市民農業者制度」を創設。新規就農基準未満～3㌃の農地を基本構想に基づき利用権設定する。現在2人が耕作しており、3年間経験を積めば新規就農者にステップアップすることも可能だ。

地域の担い手として期待される新規就農者

第４章　広がる南足柄市の農業参入システム

南足柄市の農業委員会では、誰でもが「農家になりたい、農業をしたい、農業を楽しみたい」そのような、市民ニーズを実現するため、平成19年４月「南足柄市基本構想」を作成、平成20年10月「南足柄市新規就農基準」を施行、次に、平成21年９月「市民農業者制度」を施行し、新たな農業参入システムを創りました。

そして、「市民農業者制度」の施行に合わせ、このシステムを全国に広めるため、新聞社やテレビ局等の報道関係に情報提供をしました。

その結果、農業関係の新聞社２社、地域の新聞社２社から取材を受けることになりました。農業関係の新聞社２社は、紙面の１面に取り上げていただき、全国に発信されることになりました。日本農業新聞では、平成21年９月29日付で「来たれ市民農業者、小規模でも貸借可」と１面トップに掲載されました。

その内容については、市民の農業参入を促進するため、南足柄市では、農業に関心を持つ市民を担い手に育てようとする「市民農業者制度」を創設した。そして、この制度では、「本格的な就農希望者には、新規就農へステップアップできる仕組みでもある」という内容です。

また、全国農業新聞では、平成21年11月20日付けで「新規就農をシステム化、市民農業者制度が反響」と報じています。

そして、日本農業新聞の取材担当である地元のJAの通信員には、9月の最優秀記事賞が贈られたと、ネットに掲載されていました。その寸評は、

「担い手の確保・育成や耕作放棄地の解消は、多くの地域が抱える課題。そして読者の関心が高いテーマを取り上げた点を高く評価したい。また、農地に関する記事を書くには、農地法や農業経営基盤強化促進法などの法律を理解する必要があるが、要件などもしっかりと書かれていた点も評価された」

としていました。このことは、南足柄市のシステムが、いかに法律に沿って策定されているかの証明であり、評価であると感じました。

また、平成22年12月には、NHKの「クローズアップ現代」で紹介され、私もこのシステムの説明をしました。

番組のタイトルは「週末ファーマー200万人の可能性」と称し、週末に農業を楽しむ会社員や主婦「週末ファーマー」が増加している。しかし、市民が広い土地を借りようとすると農地政策の壁が立ちはだかる。週末ファーマーの可能性と日本農業の課題を検証す

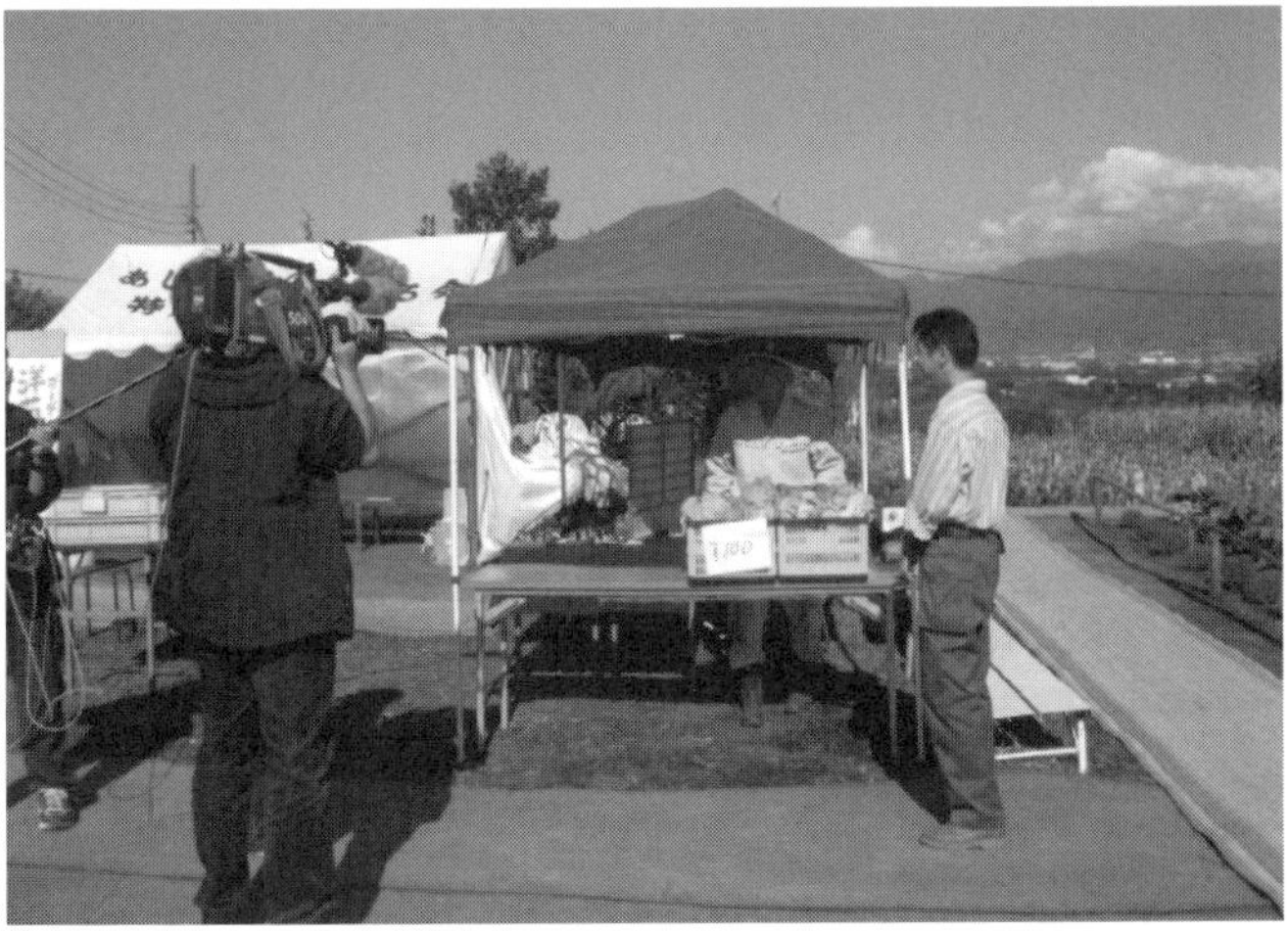

クローズアップ現代の現地取材

る、といった内容でした。

　それを見ていた、九州や四国、長野の友人から、その日のうちに連絡があり、「古屋、えらい仕組みを作りおったな」、「俺のところの役場でもやってもらいたいなあ」など、久しぶりの会話以上に、この番組の内容に驚いているようでした。このようにテレビでは、その瞬時に情報の伝達がなされ、その効果も確認することができるマスメディアであることを再確認するとともに、さすがは、全国放送の番組であると痛感しました。

　また、「市民農業者制度」の発表以来、現在までおよそ3年6ヵ月に、南足柄市農業委員会事務局への電話やメールなどの問い合わせは、300件を超えています。そして、全国の市町村等の自治体関係者からの視察や講演依頼は、150件を数えています。

この間、新たに農家になった人は12名で、市民農業者は4名です。企業からの農業生産法人は2社、株式会社等の農業参入は3社です。

農業生産法人については、農業委員会事務局で、その設立に向けた定款などのマニュアルを策定し、その指導を行っています。また、株式会社等の農業参入の受け入れについては、平成21年12月に改正されたいわゆる「改正農地法」による解約条件付きの契約を履行しています。そして、「改正農地法」のスローガンである「農地の所有から利用へ」の一つの形として、職場の福利厚生などへの活用も含めた幅広い農地利用を実践しています。

まず、都道府県で最初に南足柄市のシステムを参考にした、大阪府の「準農家制度」について、その紹介と、導入の経緯を紹介します。

1　大阪府の「準農家制度」

平成22年8月、南足柄市のシステムを参考にした仕組みを作るため、大阪府環境農林水

大阪府環境農林水産部農政室職員と教授（2010年8月）

産部の2名（男女各1名）の職員が、南足柄市農業委員会事務局に来庁しています。その日は、東京農工大大学院の教授などもたまたま同席されて、かなり内容の深い意見交換ができました。大阪府では、平成23年7月には、農業生産に意欲のある市民に3～30アール程度の農地を貸し出す「準農家制度」を創設しています。

「準農家制度」の内容については、府が農業を望む市民を募集し、遊休化した農地に悩む市町村へ紹介をする手法であり、農地の貸し借りは、農業経営基盤強化促進法の利用権の設定で行っています。

また、市民を対象としている点は、南足柄市と同様ですが、大阪府の場合は、府全体の住民を対象としている点が特徴となっています。

大阪府では、ホームページなどを活用して、多様な都市農業の担い手の確保と育成そして、農地の有効活用を促進するため、農家以外の市民が円滑に農業参入できる制度として、この「準農家制度」をアピールし、希望者を募集しています。

また、「小さな規模から農業を始めませんか」をスローガンにして、現在、96人が登録をし、31人が「準農家」になり、3人が農家になっているとのことです。また、応募者のおよそ3人に1人が40歳未満だそうです。近年20代～30代の世代層では、「農ある暮らし」をライフスタイルとする生き方を希望する傾向が強く、自給自足的な生活ができる小規模な農家になることは、近未来のトレンドであると思います。

大阪府の「準農家制度」は、農作物の販売意欲や一定の農業技術がある方を「準農家候補者」として登録し、これまでの農業者の方々しか借りることのできなかった小規模な農地（＊1）を対象に、希望に沿った農地が確保でき次第、登録順に紹介するものです。

また、栽培技術や出荷方法、地域慣行ルール等についても参入地域の農業者等と連携して助言等の支援を行うとのことです。（ネット参考、以下同様）

1　申請できる方

それでは、準農家制度についての応募方法や登録要件（＊2）等を紹介します。

公共機関が行う農業研修、農業法人等での農作業従事やボランティア活動、市民農園での長期間の栽培など、一定の期間農作業に携わった経験をお持ちの方

2　申請手続きの流れ

(1)　申請の準備として（登録希望者の要件確認や説明会の活用などがある）
(2)　申請書の提出
(3)　個別面談の実施
(4)　審査結果の通知（面談後、概《おおむ》ね3週間程度）
(5)　登録者へ農地の紹介（希望に沿った農地が確保でき次第、登録順に紹介）
(6)　農地の利用権設定（借り）に関する調整・手続きを支援
(7)　準農家として耕作開始（必要に応じて、参入地域の農業者等と連携して助言等の支援）

3　申請方法

(1)　申請手段　郵送または持参
(2)　申請に必要なもの
ア　準農家候補者名簿への登録申請書
イ　営農計画書

ウ　主要作物作付け体系図

エ　従事（または研修）履歴等報告書

(3)　申請期限

府の指定日による

(4)　申請先

大阪市府都市農業参入サポート窓口

4　その他

・農地の貸借料、育苗代や農機具などに要する費用は個人負担

・準農家制度を活用した農地の貸借は、市街化区域では法律の適用外となっています。

また、農地ごとの様々な要件等があり、希望に沿った農地が確保できない、あるいは時間がかかる場合があります。

（＊1）小規模な農地

市民農園の規模（概ね3アール程度）より大きく、各市町村が定めている自立した農業経営に最低限必要となる農地面積（概ね20〜30アール）未満の農地

（＊2）登録要件

(1)　都道府県その他の農業に関する研修教育施設等において概ね3ヵ月以上の研修をし

た方

(2) 府知事が認定した「農の匠」及びそれに準じる農家等において概ね６ヵ月以上の研修等を終了した方

(3) 市町村、農地保有合理化法人、農業協働組合等が実施する農業技術を習得するための研修等を概ね６ヵ月以上受講した方

(4) 援農等により概ね６ヵ月以上農作業に従事した実績がある方

(5) 農業生産法人等において概ね６ヵ月以上農作業に従事した実績がある方

(6) 現在、市民農園で農作物の栽培を行っている者のうち、栽培経験が登録申請時点で２年以上あり、かつ府が指定する短期研修を修了した方

(7) その他、上に掲げる方と同等以上の知識及び技能を有する者と認められる方

としています。

次に福井県鯖江市の事例を紹介します。

2 福井県鯖江市の「新規就農促進支援システム」

鯖江市でも、南足柄市の農業参入システムを参考にした制度を策定しています。私は、平成21年11月9日~10日にかけ、福井県農業会議が主催する福井県農業委員大会の基調講演を依頼され、「南足柄市農業委員会活動について」、そしてそのサブタイトル、新たな農業参入システム(南足柄市新規就農基準と市民農業者制度)と、花による地域おこし(花トピア)、を演題とした講演を行いました。講演後、福井県農業会議の会長(鯖江市の牧野百男市長)が南足柄市のシステムについて、大変興味を示され、固く握手を交わしたことを印象深く覚えています。

鯖江市では、新たに農業をしたいという人を支援するため、2010年に「鯖江市新規就農促進支援システム」を策定しています。この制度は、新たな農業の担い手を育成するとともに、市内の食料自給率の向上や耕作放棄地を有効活用することを目的としています。

このシステムは、私の講演を聴いた鯖江市長から、同様な制度の導入を市の担当者に指示されたことがきっかけとなっているとの事です。鯖江市では、専業農家にはなれないが、市内の農地を活用して営農を行う人を対象にしています。

平成21年11月　福井県農業委員会大会の様子

具体的には、定年後農業がしたい人、農業以外の職業をしているが、副業として農業をしたい人などを支援対象としています。

鯖江市のシステムは、①自立できる農業者を支援する「鯖江市新規就農システム」と、②余暇を利用した農業者の参入を支援する「鯖江市市民就農システム」の2本立てになっています。

「鯖江市新規就農システム」は、職業として農業がしたい人を対象としています。また、「鯖江市市民就農システム」は、少し本格的に農業をしたい人を対象にしており、南足柄市のシステムとほぼ同様な内容となっています。

「鯖江市新規就農システム」の条件は、次

のとおりです。
ア　農地所有面積　0〜1000㎡
イ　年齢　20歳以上70歳まで
ウ　市内で農業ができる距離に住んでいること
エ　収益を得ることを目的とする
オ　耕作面積　1000㎡以上
カ　農業に常に従事し、農地のすべてを効率てきに耕作すること
キ　施行期間　2年間

「鯖江市市民就農システム」の条件は、次のとおりです。
ア　農地所有面積　0〜1000㎡
イ　年齢　20歳以上70歳まで
ウ　市内で農業ができる距離に住んでいること
エ　余暇などを利用して収益を得ることを目的とする
オ　耕作面積　300㎡以上1000㎡未満
カ　農地のすべてを効率てきに耕作すること

キ　施行期間　３年間

なお、申請手続きなどについても、南足柄市のシステムを参考にしている内容になっています。そして、このシステムにより、農業参入をした人は、２０１２年現在、４名が就農しています。４名についての営農類型は、全員が野菜の栽培をしています。

また、経営規模については、10アール以上が２名、10アール以下が２名です。このうち３名は、収穫した野菜を市の紹介を受け、ＪＡの直売所に出荷し始めており、着実な農家としての第一歩を踏み出しています。

以上、大阪府の「準農家制度」と、鯖江市の「鯖江市新規就農促進支援システム」の取り組みについて紹介をしてきました。

２０１２年６月には、大阪府の「準農家制度」が、地元のテレビ番組で取り上げられ、その録画されたＣＤが大阪府の環境農林水産部の担当者から私宛てに送付されてきました。

この番組に出演していたコメンテーターから、大阪府の「準農家制度」により、これまで農家以外には農地を借りることなどできないと思っていたことを可能にしてくれた、そして、農業や食料の大切さを市民全員で考える環境づくりが図られるなど、高くこの制度が評価されていました。このコメントを聞いた時、やはり、市民は農業がしたいのだと思いました。

大阪府や鯖江市のような取り組みが全国的に広がれば、我が国の農業の裾野がさらに広がることになり、国民一人ひとりが農業や食料の大切さを理解することができると確信しています。

沖縄県那覇市南風原町土地改良会館にて　(2011年２月)

第5章　兼農サラリーマンは日本の農業そして農家を救う～農地の社会化

1　農業マイスターと南足柄市の農業参入システムの法制化

兼農サラリーマンが増えることとは、より多くの農業への理解者が増えることです。

現在、農家には、その経営支援策の一つとして直接支払いによる「戸別所得補償制度」が実施されています。

しかし、この制度は、全農家を対象にしているため、税金のバラマキだと揶揄《やゆ》する見方もあります。

「戸別所得補償制度」とは、農家を保護するために、政府が農家に対してその所得を補償する、すなわち、お金を農家に直接支払う制度のことです。農家には、定額交付分として、10アール当たり、年間15、000円が支給されます。それ以外にも、農産物（主に米）の販売価格が標準的な価格から下がった場合は、その差額分が支給されます。

農業は、人が生きていくために必要な食料を生産する生命産業であることは言うまでも

県内市町村職員８名のチーム

ありません。そして、農業はその国の基である と考えます

私は、平成19年10月にヨーロッパにおける都市型農業の振興をテーマにドイツ、イタリアの視察を行いました。この視察は、財団法人神奈川県市町村振興協会の市町村人材育成事業の一環として実施されているものです。メンバーは、このテーマに共感する県内市町村職員8名によりチームを構成しました。

視察先の一つである、ドイツのバイエルン州エルディング農業局の取り組み事例を紹介します。

エルディング農業局からの聞き取りで、ドイツには、農業分野にもマイスター制度（農業士の資格制度）が導入されていることが分かりました。そして、このマイスターを取得した農家には、農業経営が確実にできるだけの補助金が支払われていることも分かりました。マイスターとは、日本では、「親方」、「名人」と訳されています。

マイスターの起源は、今から約８００年前にさかのぼると言われています。その頃のヨーロッパ、特にドイツでは、手工業者の間で、従弟、職人、そしてマイスターという三つの身分ができあがっていました。それは、従弟が修行を積んで試験に合格すると職人、さらに修行を積んで試験に合格するとマイスターになれるという具合です。手工業では、事業所などを経営するためには、必ずこのマイスターの資格を有していなければならない。

また、後進の職業教育をすることができるのも、このマイスターの有資格者のみであることなど、その業界のリーダー的な存在でもあります。

この手工業マイスターのほかに農業マイスターや家政マイスター、海運マイスターなどがあるとのことです。

バイエルン州は47郡（市を含む）で構成され、このエルディング農業局では、ミュンヘン市を含む周辺4郡を管轄しています。

そして、農業促進部門と森林部門の2部門を75人の職員が担当しています。農業促進部門では、ＥＵの農業政策への対応や農家指導およびその教育の3つの業務を行っています。

バイエルン州エルディング農業局

農家指導の業務内容は、農家が農業用施設等を整備する際のアドバイスを主な業務としています。

また、教育の業務内容は、農業士の資格を取得するための教育を行っています。この農業士の資格を取得するためには、農業局に併設されている農業学校で2年間の実習教育を受け、なおかつ、その資格が認定されなければなりません。農家が州から農業関係の補助金制度を利用するためには、この農業士の資格が必要であり、条件になっています。

ドイツでは、グリーンベルト（注8）に象徴されるように一本でも木（みどり）を植えた個人や企業が評価されており、環境に対して国民の意識が非常に高い国と考えられます。そのため農業についても同様であり、環境に負荷を与えず、資源を循環させる、いわゆる環境保全型の農業を実践する農家が評価されています。

従って、バイエルン州でも環境に配慮した農業を州の目指す農業指針と定め、それを確実に実践する農業士の資格を有した農家には最大限の補助金を支給しています。補助金の支給額については、条件により様々でありますが、事業費としての上限は、約1億7、000万円で、その補助率は15～25％で2、550万円から4、250万円とのことでした。我が国では一戸の農家に、これほど多額な補助金の支給など考えられません。

しかし、このことを可能にした背景には、ドイツ国民、市民の環境への意識の高さや、第2章で記載しました「クラインガルテン」（市民農園）による市民への農業への理解がその裏付けと考えられます。

バイエルン州の農業局の聞き取りで直感したことは、農家への資金援助が補助金ではなく直接支払いであれば、もっと良いのではないかということでした。

なぜなら、補助金は、その言葉のとおり農家に自己資金があることを前提に、それを補助するものであるからです。

我が国には、直接支払いによる「戸別所得補償制度」があり、すでに直接支払いが定着しています。

この直接支払いを、全農家を対象にしたものではなく、支給対象者を絞った直接支払いにすべきだと考えます。

税金のバラマキと揶揄されないためにも、国民が納得する効果的な支給を図るべきです。このことを実現するためには、ドイツの事例を参考にした日本版の仕組みを作る必要があります。我が国でも、バイエルン州の「農業士」と同様な資格を有する農家の育成を目指すことから始まります。

その資格取得については、都道府県に必ず1校ある農業大学校を活用することです。農業大学校では、国の将来を目指すべき農業指針に基づき、都道府県の地域性を活かしたカリキュラムを作成して、2年間の実習教育を実施します。その後、資格試験を実施し、合格した農家を「農業マイスター」として認定します。

「農業マイスター」は、国からの直接支払いを受けることができ、着実な農業の担い手として育成されていきます。「農業マイスター」の更新については、現在実施されている「農業経営改善計画」（認定農業者）同様に5年をめどに実施します。

また、直接支払いの支給のチェックについては、年1回の実績報告書の提出と併せた現地調査を行い、実際の経営状況の確認を行います。その際、実績報告書と現地調査の履行内容とに違いがあった場合は、直接支払いを中止するとともに、「農業マイスター」の資格は取り消されます。

　このように「農業マイスター」に対象を絞った直接支払いの実施をするには、まずは、農家や農業関係者の理解を得ることです。そして、なによりも国民の支持を受け、その実現を目指すものでなくてはならないと考えます。


　そこで、第一にすることは、市民の農業への参加、そして農業への理解を得る施策を実施することです。

　ドイツでは、「クラインガルテン」により市民の農業への参加、そして農業への理解を得る環境を創りました。我が国でも南足柄市の農業参入システム（南足柄市新規就農基準、市民農業者制度）により、同様な環境づくりができるものと考えます。

　第2章で記載しました南足柄市の取り組みは、大阪府や鯖江市を始め、着実な広がりを見せています。しかし、自治体の主体性に委ねているだけでは、その広がりは緩やかなものであり、全国的な広がりを加速するためには、南足柄市の農業参入システムの法制化を検討することが望ましいと思います。

　同時に、この法制化は、国民単位での新たな農業の担い手の確保と、農業への理解を促進するものと考えています。

そして、農業を身近なものにすることにより、国民の農業や食料に対する関心が高まり、耕作放棄地の解消や食料自給率の向上が図られると思います。

また、「農業マイスター」等への直接支払いについても理解を得ることができる環境づくりとしても、この法制化の意義は大きく、私たちの命や国土を守ってくれる農業を附託できる「農業マイスター」の法制化も併せて行う必要があります。

そして、TPPというグローバルな波に立ち向かうことができる農家や農業経営体の育成・支援のためには、この「農業マイスター」への直接支払いは、必要不可欠であり、国策として実施すべきだと考えています。

また、支払う金額については、今後、様々な議論の下に決定されると思いますが、大切なことは、農業経営が最低限担保できる金額を示すことであり、提案としては、年間300万円を上限に掲げて議論されたらいかがでしょうか。

以上のようなことを可能にするためには、再三申し上げたように農家や農業関係者以外の理解者を増やすことであり、そのパイオニアが「兼農サラリーマン」です。

すなわち、「兼農サラリーマン」が増えることは、日本の農業そして、農家を救うことになると固く信じています。

います。

2　滞在型アパートメントによる「クラインガルテン」の提案

我が国でもクラインガルテンを、新たな農業経営手法として取り入れる市町村が現れています。

今回の提案は、このクラインガルテンの経営手法の幅を広げることによる、農業と不動産業とを組み合わせた、地域産業の創出を目指しています。

長引く不況により、企業は、自社の経営改善のため社員のリストラが敢行され、多くの雇用が失われています。そして、人口は増えることはなく、今まで満室であったアパートメントも空き室が目立つようになりました。

都市部の農家では、市街化区域の農地と、調整区域の農地、の双方を所有している農家が一般的です。

市街化区域の農地については、生産緑地や相続税の納税を猶予されている農地を除くほとんどが、宅地や雑種地に転用されています。従って、農家は、農地の活用として、調整区域の農地は、田や畑を確保して農業を行い、市街化区域では、アパートメントや駐車場等の不動産業としての資産管理を行うなど、農業と不動産による収入で生計を立てています。

調整区域での農業も高齢化や担い手不足などの要因により、遊休化しつつある農地が目立つようになりました。しかし、皮肉なことに、農家以外の市民は、自分の食べる物は、自分で作りたいという「自給自足」ができる「農ある暮らし」を求めるニーズが高まっています。

市民農園では、狭すぎる、しかし、それ以上の農地は、農家以外には、借り受けることができないと頭から決め込んでいます。南足柄市の新たな農業参入システム（南足柄市新規就農基準と市民農業者制度）を活用すれば、誰でもが農業に参入できることをアピールする必要があると考えます。

南足柄市には、このシステムを施行して以来、毎年100件ほどの相談がありますが、問題となることは、農業参入できる仕組みはあるが、その拠点となる家やアパートメントがないことです。

そこで、新規に農業を目指す者の拠点として、例えば、週末に農業ができる環境を創りだすのです。従来のアパートメント経営を払拭し、居住型から滞在型に変更し、農業と不動産業をセットにしたクラインガルテンを起こすことです。

アパートメント等の賃貸料については、滞在型では、従来の居住型に比べ、家賃を下げなければなりませんが、空き室があるよりはるかに効率的であり、所有している調整区域

山梨県　高根クラインガルテン

の農地も農地のまま活用することができます。

南足柄市の農業参入システムを活用したクラインガルテンは、農業と不動産業の両立が図られるだけでなく、新たなビジネスとしても成り立つでしょう。

このようなクラインガルテンが開設されることにより、市民の農業への参入が促進され、その結果、農業への理解者が全国的規模に広がるものと考えます。

3　農地の社会化（パブリックフットパス〜グリーンツーリズムへ）

グリーンツーリズムとは、ヨーロッパで発祥した都市と農村の交流のことで、都市住民が農村で休暇を過ごす余暇活動のことです。

グリーンツーリズムの基本的な考え方は、農山漁村に住む人々と、都会に住む人々とのふれあい、つまり、都市と農山漁村との住民どうしの交流の場であります。

ヨーロッパでは、都市住民が農村漁村に長期滞在して、のんびりと過ごすことが定着しています。

しかし、我が国では、長期休暇が取りにくい労働環境のため、日帰りや短期滞在が多いのが現状です。まず長期休暇が取れるような環境づくりを法的に整備する必要があると考えます。

このグリーンツーリズムを我が国で定着、発展させるためには、農家の農地への所有、使用に対する意識変革が必要です。

私は、平成10年以来、花による地域おこしを、地域住民とともに進めて来ました。

そして、その花のエリアは、農道や河川などの公共用地を活用しました。

次に取り組んだ花による地域おこしの花のエリアは、遊休化した農地に求めました。

農地は、本来、私的な資産でありますが、公共的な資産として、活用すべきという考えに基づき、誰でもが入ることができるよう農地を解放することにしました。

私は、この取り組みを「農地の社会化」と称しています。そして、遊休化した農地に、

自由に入れる回遊路　南足柄市ユートピア農園

ザル菊（ザルを伏せたように咲く菊）を植え、その周りに回遊路を設置しました。回遊路には、幅１・２ｍほどのゴムシートを敷き、車椅子の人でもスムーズに通行ができるよう工夫をしました。

このような発想の原点は、１９４９年に制定されたという、イギリスのパブリックフットパスの制度にあります。

パブリックフットパスとは、主に歩行者に通行権が保障されている小径で、イギリスで発祥した「歩くことを楽しむための道」のことです。そして、農村部の農場や牧場などの作業路を、公共の散歩道として認めているものです。

現在、イギリスでは、全土に網の目のごとく存在し、その長さは、約17万kmにもなるとのことです。

イギリスでは、農地そのものを国民の共有の財産だという理念に基づき、農場や牧場などの作業路を公共財的に使用し、農村空間そのものを共有化しました。このパブリックフットパスが制度化されることにより、市民は、農家に迷惑がかからない範囲で、作業路の通行が許可されています。

市民は、この作業路を利用して、例えば、綿花畑の綿を触り、その柔らかさを感じたり、牧場の牛を直接撫でて、その体温の温かさを知ったりすることなど、都会では得ることのできない体験ができます。

そして、一番の魅力は、農場主や牧場主などとの会話を通して知る、親しみや、癒しなどの、心情面での満足度にあるようです。

このように、イギリスでは、1950年代すでに、農地を公共財として活用することにより、農村へ都市住民を呼ぶ環境づくりを法制化していました。

その結果、パブリックフットパスが全国に広がり、都市住民が農村に癒しを求め、旅をするグリーンツーリズムが、新たな農村のビジネスとして発展しました。今では、このグリーンツーリズムによる収入が、農家の年間収入の3割を占めるほどになっているとのことです。

そして、こうした農村の暮らしが人間らしい生き方として、国民に理解され、農村で農業をして生活することにあこがれる人々が増えているそうです。

従って、農村の嫁不足も解消され、農業の担い手も将来についての不安は軽減したとのことです。

こうしたイギリスのパブリックフットパスからグリーンツーリズムへの発展を参考にして、我が国でも農地を公共財として国民全体で共有する、すなわち、「農地の社会化」を国策として取り組み、農業・農村の活性化を目指す時代がきていると考えます。

（注8）　グリーンベルトとは、「みどり」で形成された帯のことです。都市計画分野では、都市の保護政策の行う緑地帯で都心の人口密度の増加による市街地などの無秩序な拡大を阻止するために設置された森林帯や公園緑地などがあります。この考えは、イギリスのガーデンシティ構想から発したもので中心になる都市とそれを囲む衛星都市の間を繋ぐグリーンベルトと呼ばれる緑地帯のことです。

全国農業新聞

2009年(平成21年)10月23日(金)

市民農業者制度を立ち上げた

古屋《ふるや》 富雄《とみお》さん

人

いまこの時節に「農家になってください」と市民に呼び掛けている農業委員会が現れた。

1952年生まれ。神奈川県南足柄市出身。南足柄市農業委員会事務局長

目標は農地の社会化

場所は神奈川県南足柄市。小田原市から電車で20分、「足柄山の金太郎」が有名。ベッドタウンとして人口4万4千人を維持。

困っているのが農業だ。1120戸の農家と760㌶の農地、22人の認定農業者を抱えているが、この農業がさっぱり伸びない。率直に言えば後退を押し止められない。耕作放棄地が62㌶（耕地面積の約8％）で増加中。経営主の高齢化と後継者不足も著しい。作業受託をやっているのは1941年生まれの2人が現役の最年少者だ。

そこで古屋さんの登場だ。

発想をがらりと転換した。「遊休化している農地を市民に利用してもらい、ひいては農家になってもらおうではないか」。準備は周到。2007年の基本構想改定で小規模農家の育成を位置づけ、14人の農業委員の理解・協力により、08年10月に農業委員会が新規就農基準を制定、9月に市民農業者制度を立ち上げた。

内容は3種。3百平方㍍未満がレクリエーション農業、3百～1千平方㍍未満が市民農業（3年やれば農業者に）、1千平方㍍以上は1年で新規就農者になる。すでに2戸の参入が決定済み。

古屋さんのスローガンは「農地の社会化」だ。遊休農地には花を植えて観光客を呼び込み成功、今度は「市民の農業参加」。都市と背中合わせの地ならではの農地対策だ。（実）

第6章　兼農サラリーマンにお勧めの農作物と栽培方法

1　手間いらずの極早生桃「ひめこなつ」

「ひめこなつ」は、5月末から6月上旬に収穫できる桃の極早生品種で、その存在を知ったのは２００８年、テレビの天気予報の季節情報コーナーでした。幼稚園児らしい子どもが赤く色づいた桃を食べ、「おいしいー」と無邪気な歓声を上げている様子が放映されていました。

この瞬間、「あ、これだ」という、直感と栽培への期待が交差する喜びを体験しました。早速、取引のある種苗会社に連絡を取ったところ、まだ苗木の販売がされたばかりで、それから2年ほど過ぎた２０１０年2月に25本の苗木を取り寄せることができました。花の開花からおよそ60日後には、収穫できる「ひめこなつ」に期待が膨らむばかりでした。

私自身の桃の栽培歴は、親の代から通算すると約40年です。これまで6月下旬から7月下旬にかけ、布目や倉方、白鳳などの品種を栽培してきました。

しかし、7月に入ると桃の実が腐る「灰星病」が多発するため、15年ほど前からその発

植え付け１年後の「ひめこなつ」樹高約２m50㎝

撮影日2011年６月５日

生が比較的少ない6月中に収穫できる「ちよひめ」という品種に切り替えたことで、比較的に安定した桃栽培の技術体系が確立できました。

桃の一品種の収穫期間は、概ね10日から14日程度のため、常々「ちよひめ」より早く収穫できる、甘みのある極早生品種の出現を待望し、関係者と情報収集を図っていたところでした。取り寄せた「ひめこなつ」25本を新たに用意した15アールの畑に植栽したところ、2011年6月には樹高約2m50cmに育ち、1本の桃の木に平均50個を着果させ、同月5日から15日に収穫を終了しました。

桃の果実の大きさは、1個約120gと小ぶりですが、どの品種よりも早く収穫でき、平均糖度は12%を示し、食べた人からは、「甘くておいしい」と好評でした。桃の果実の色づきを促すため、反射シートを桃畑に敷くことが、一般的な栽培技術ですが、この「ひめこなつ」は、陽が余り当たらない中枝や下枝に着いた果実まで赤く色づくことで、反射シートの必要性は一切ありません。

当然、袋は掛けない無袋栽培で、より省力的な栽培技術でも収穫できます。また、病害虫防除のための農薬散布については、2月、4月、5月の計3回で十分です。以上が「ひめこなつ」の特性及び経験的な栽培マニュアルです。

直売所などでの販売金額は、6個詰め1パック、ワンコイン500円で販売したいと考

「ひめこなつ」のパック詰め

えています。果実は小ぶりですが、甘く、色合いも良い点で、消費者にも納得していただけるのではないでしょうか。

　果樹類については、多くの農家が苗木を植えた翌年から、それなりの収穫ができるとは想像していないでしょう。２０１１年の2月に神奈川県ＪＡ秦野から講演依頼があり、「花による地域おこし・花トピア」と題する講演会の中で「ひめこなつ」を紹介しましたが、秦野市の菖蒲地区の委員さんらも当初はこの桃には半信半疑であったと思います。

　しかし、まずは、花でも咲けばとの思いで、3月に種苗会社にあった「ひめこなつ」１００本と「ちよひめ」20本を菖蒲地区で購入し、植え付けも終了させました。

　私が植えた「ひめこなつ」については、５

秦野市の菖蒲地区の委員さんらが視察

月に桃の果実を大きくするため、実の数を減らす作業「摘果」をしたところ、小さな実でも既にうっすらと赤く色づいており、試しに食べたところ、まずまずの甘みがあったため、これは期待できると思いました。

期待通り、6月5日には、糖度12％の「ひめこなつ」の収穫ができ、同月15日に秦野市の菖蒲地区の70歳前後の委員さんらを招き、私の桃畑の「ひめこなつ」を視察していただきました。（写真）。その時の感想が「これなら我々シルバー世代でもチャレンジできる、仲間を増やし産地化を目指そう」ということでした。そして、「摘果」した実は「果実酒にしよう」、夏の葉は「あせもに効く、桃の葉湯の葉で売ろう」などと夢は膨らむばかりでした。

タウンニュース®

株式会社タウンニュース社 ☎0465-35-3980(代) FAX0465-30-1290 足柄編集室・〒250-0042小田原市荻窪306 http://www.townnews.co.jp
発行責任者／宇山 知成
編 集 長／高野いつみ

■足柄版／No.1424 平成23年6月25日(土)号

タウンレポート

早期収穫のモモに期待

南足柄市「大型直売センター」構想との連携も

南足柄市農業委員会の古屋富雄事務局長の実験農場へ6月15日、秦野市の菖蒲集落組合の3人が訪れた。

「ひめこなつ」を説明する古屋氏

県農業改良普及員でもある古屋氏は、農家に提案できる果樹や花木を育てており、丈夫で樹勢が強い極早生品種の桃「ひめこなつ」に注目し、昨年から栽培に着手。自らが講師を務める講演会等でも、その可能性を農業関係者らに紹介してきた。秦野市のメンバーは古屋氏の講演を聞き、今年3月にひめこなつの苗木100本を植樹。一足先に収穫時期を迎えた古屋氏の農園に視察に来たもの。メンバーからは1mの苗木が1年後には3m近くに成長したことに、驚きの声が続出。「桃栗3年、柿8年というが、桃が2年で収穫できるとは」と話し、試食して甘みなどを確認し手ごたえを感じていた。

(右)もいで手にとるメンバー
(下)ひめこなつの果実

古屋氏はひめこなつの利点を、①袋を被せたり、反射シートを用いなくてもよい②超極早生であり5月下旬頃から収穫でき、消毒回数が少ない③観光農園化することで集客できる④花の観賞価値が高く葉も利用できる―などを挙げ、「農業初心者やシルバー世代にも取り組みやすい」と説明する。生産者が増えると、加藤修平南足柄市長が掲げている「大型直売センター」構想とも連携できるのでは、と期待を寄せる。同市は昭和30年代頃には桃の産地として名を馳せていたという。「〝桃源郷〟再び」に向け、試みが動き出した。

春は桃の花の桃源郷を創出させ、そして果実酒づくり、初夏は桃の実の販売、盛夏は桃の葉湯の葉を販売するなど、「ひめこなつ」と「ちよひめ」をセットにした極早生桃の産地が、シルバー世代によって誕生する日がすぐそこに見えるようです。もちろん新規で農業にチャレンジする方にもお勧めの極早生品種です。

2　畑の管理は山菜まかせ

新規就農者などへの推奨農作物

「南足柄市新規就農基準」や「市民農業者制度」を利用した新たな農業参入者は、平成24年現在、新規就農者は12名、市民農業者は4名です。

農業を大きく分けると、「慣行農業」と「有機農業」のふたつのタイプがあります。「慣行農業」とは、農薬や化学肥料を使用するもので、戦後、アメリカなどの影響を受け取りいれたもので、それ以来、慣行的に行われている農業です。

また、「有機農業」とは、農薬や化学肥料を使わない、安心・安全を優先させた農業です。当市の16名の新たな農業参入者の取り組む農業は、「慣行農業」5名、「有機農業」11

名です。

「慣行農業」の5名は、イチジクやキウイフルーツ、茶などの栽培に取り組み、その結果、着実に農業収益を上げ、JAの組合員になるなど、自立に向けた順調な農業経営を行っています。

また、「有機農業」の11名は、環境に負荷を与えないことを最優先にした農法を目指しているため、農業経営は「慣行農業」に比べて自立には厳しい状態です。

21世紀は環境の時代と言われています。また、人の生き方に「農」を取り入れたいと考える世代が急増していることも現実です。事実、新規就農や市民農業者制度の相談者は、90%以上が自然農法、いわゆる「有機農業」の希望者です。

そして、野菜や米、ミカンなどを、この農法で栽培したいと考えています。

このような新規就農者たちが最初に行うことは、農業委員会に相談をし、農家から農地を借りることとです。委員会には農家から貸し出し可能な農地が登録されており、それにより農地の紹介をします。

しかし、紹介する農地のすべてが平坦で作業のしやすい所ばかりではなく、逆に借りることができる農地の半分は、山林に面した狭隘《きょうあい》な所が現状です。さらに、鳥やイノシシ、ハクビシンなどの、鳥獣害のリスクを被る農地でもあります。

このような条件不利地でも「有機農業」で収益を上げることができる農作物とその作付けモデルの提案をします。農作物の選定については、鳥獣害が回避できるもの、農薬や化学肥料を使わなくても栽培できるものを優先します。

そして、農作物の特性を最大限に活かしたものとします。

木々類と山菜類を組み合わせ、農地を立体的に活用します。木々類は、花や蕾、新芽などが収穫できる八重桜やタラノキ（次頁写真）などを植栽し、山菜類は、フキ、ワラビ、ウド（次頁写真）などを植栽します。これらを植栽することで十分な太陽の光を必要とする木々類と、その下草的な役目を果たす山菜類がバランス良く組み合わせることができ、自然の植生に近い環境が創出されます。

そして、山菜類が繁茂するにつれ、人の手を介さず雑草の抑制を図る効果も期待できます。肥料については堆肥などを使用し、環境に負荷を与えない程度の施肥を行います。

このように、条件不利地においては、キャベツやホウレンソウ、トマトなどの野菜類や、ミカンや梨、桃などの果物類の栽培は行わず、農作物の特性を活かした農作物の力に任せる農法を実践し、収益を上げる「有機農業」が適していると考えます。

ぜひ、チャレンジしてください。

八重桜

タラノキ

フキ

ワラビ

ウド

3　季節はずれのスイートコーン

11月収穫（抑制栽培）のスイートコーン

「このトウモロコシ、生でも食べることができるの？」

「ワー、甘ーい」

2011年11月のユートピア農園で繰り返し聞こえた声です。

「皮をむきラップに包み、電子レンジで3分、そうすれば更に甘くなりますよ」

「10本ください」

「すみませんがお一人様5本に制限させていただいています」

このようなやり取りをしたのも、人気がありすぎてお客さんの希望本数で売ると、買うことが出来なくなってしまうお客さんが続出してしまうからです。実際には5本を1袋に入れ1，000円で販売し、必ず1本の「おまけ」を付けています。

生でも食べることができるスイートコーンの栽培を始めて4年目になります。

栽培品種は、「サニーショコラ88」で、11月収穫の抑制栽培です。夏季の栽培と比べ、「アワノメイガ」の発生がピークとなる9月から11月が栽培期間に当たるため、その駆除には苦慮しています。

「アワノメイガ」はメイガ科に属し、日本全土にごく普通にみられる蛾。成虫は、羽を広げると30㎜程度で、夜行性でよく灯火に飛来する。また、幼虫は、トウモロコシや麦などのイネ科の植物を食べる害虫です。

しかし、100%完璧な防除は未だ出来ていないのが現状です。そのため、販売時は、コーンの先端の皮を剥き中身を確認しています。

お客様の安心・安全をモットーに「アワノメイガ」の完璧な防除方法の確立を目指すため、パダン粒剤やエルサン乳剤等の、必要最小限の農薬の散布は実施しています。そして、なによりも重視している防除方法は、畑に頻繁に出向き、「アワノメイガ」の幼虫の発生したコーンの部位の撤去を、手作業で行うことです。農薬の散布については、最も効果が上がる適期を見定め、早め早めに防除することが肝要と考えます。

また、パダン粒剤等の散布方法も工夫をして、蓋の穴のあいた缶やペットボトルに農薬を入れることで、散布量の軽減を図っています。この方法は子どもや女性でも農薬の散布が簡単にでき、楽しみながら農作業への参加できることで、将来の担い手育成のきっかけづくりにも役立つのではないかと自画自賛しています。(次頁写真)

肥培管理は、元肥として10アール当たり石灰チッ素200kgを施肥します。加えて当市ならではの堆肥である衛生的に処理された「人の糞尿堆肥(肥料として登録済み)」10t

小学生の農薬散布作業

収穫体験

を施し、コーンの成長に合わせ、適宜に化成肥料の追肥を行っています。

播種期は、第１回目を８月１日とし、最終は８月12日としています。

収穫期の11月には、コーン畑に隣接する、まる菊（ざる菊やボサ菊、小菊など円い形に咲くタイプの菊）も花盛りを迎えます。

この頃になると、地元の各新聞社は、季節の花の情報として、一斉に紙面に取り上げてくれます。そのＰＲ効果は高く、開花期間の約１ヵ月間に約１５０００人が訪れるほどです。

そして、面白いことは、訪れるほとんどの人が、花盛りの菊には目もくれずに、このコーンを我先に買い求めています。まさに、花より団子状態です。

これほど、人気の高い作物は、他には経験がありませんが、お客様に商品として販売するためには、何と言っても「アワノメイガ対策」に尽きます。

スイートコーン（サニーショコラ88）

糞尿堆肥（肥料として登録済み）

今年もたくさんの人が訪れました

来年は、農薬を使用しない「アワノメイガ」対策として、防蛾燈（蛾を寄せ付けない照明器具）を畑に設置する計画を立てています。「アワノメイガ」は、夜行性のため昼間はあまり活動をせず、夜間に飛来し、コーンの雄花や雌花、茎などに産卵する習性がありま す。このため、夜を昼間のように明るくすれば、その飛来する個体は減少すると考えています。

そして、照明の色は、白色ではなく、オレンジ色が効果的とのことです。また、電気代の削減を図るため、太陽光を利用した蓄電機によるＬＥＤ照明を検討しています。お客様に安心で安全なコーンの提供を目標にして、

「生でも食べることができるの？」

「ワー、甘ーい」

このような声がより多く聞こえることを楽しみに、また挑戦が始まります。

第７章　花の力〜農業を通して思いついた事業

１　花トピア（あしがら花紀行とフラワーユートピア構想）

花による地域おこしは、全国各地で行われており、都市住民との交流による地域振興策として、定番の取り組みでもあります。

南足柄市が15年来進めている主要事業に、四季折々に咲く花による地域おこし「あしがら花紀行」があります。

「あしがら花紀行」による花のエリアづくりは着実に進んでいます。住民参加型のボランティアによる足柄ならではの地域活動として、あしがら花紀行の先駆け団体である「あしがら花紀行千津島地区実行委員会」では、２００６年「平成18年度豊かなむらづくり全国表彰事業」、２００８年「全国花のまちづくりコンクール」で共に、農林水産大臣賞を受賞、さらに２０１０年「平成22年緑化推進運動功労者内閣総理大臣表彰」を受賞するなど、優良事例として高い評価を受け、全国的にも認識されつつあります。

２００５年11月、あしがら花紀行を実践する団体などによる「あしがら花紀行ネットワーク」が発足し、また、２０１３年現在、24団体、約１０００人が、この取り組みに参加しています。

そして、花のエリアには確実に人が集まり、地域経済の振興が図れるなど、花が観光資

「あしがら花紀行」を代表する　酔芙蓉

卒業生を送る桜春めき

源になることを、多くの人が実感できる状況が生まれています。

あしがら花紀行の最終目標は、足柄地域に年間４００〜５００万人の都市交流型の経済圏を誕生させることにあります。「あしがら花紀行」は、ボランティア活動が主体の地域おこしであり、取り組みのＰＲや活動費などのソフト面及び駐車場、トイレなどのハード面双方の支援を行政から受けています。行政の支援（税金）が必要不可欠であり、花による地域おこしをより持続可能な取り組みにするため、新たな手法を創出する必要があると考えていました。

このような中、持続可能な花による地域おこしとして、経済活動を優先させた、また、無理なく花のエリアを拡大する新たな手法として「フラワーユートピア構想」を打ち立てました。

この構想は、花を資源とする観光農園化を目指す農家のグループと、地域住民が一体となって創る、「花の理想郷づくり」であります。

耕作放棄地（遊休農地）などを活用し、年間を通して花を見ることができるエリアを創り、都市住民などを呼び入れ、農地を開放し、社会性をもたせる。同時に、ブルーベリーや梨、みかん、野菜などの収穫体験ができる観光農園化や、農産物の直売の促進を図ることにより、農業による経済振興と経済基盤の確立された持続可能な花による地域おこしが

千津島地区の菜の花畑

ハナアオイ農道

リコリスの里

具現化できるものと考えています。

　また、グループで育てた花や花木の苗などが市民に無料提供され、地域全体で同じ季節に同じ花が咲く取り組みでもあります。

観光ブルーベリー園

観光梨園

行政の支援（税金）については、取り組みのPRなどのソフト面に留めた範囲としており、農業者のイニシアティブを期待しています。

「フラワーユートピア構想」を市の農業施策に供するための試行として、この構想を活動指針に掲げた農家のグループ「あしがらユートピア」（代表　石川栄氏　会員6名）が2007年5月13日に発足しました。（2013年現在、会員10名）

グループの成果を持って市の農業施策にするためであり、行政からの金銭的な支援は一切受けていません。

あしがら花紀行をスタートさせた時と同様、農政担当の職員（私自身）の提案（全ての苗木などの提供含む）とその実践であり、一種のボランティア活動であります。

私は、グループのオブザーバーとして関わり、花の栽培指導や新聞社などの報道関係を担当しました。2007年5月、担い手の無い遊休農地、約1000㎡を借り受け、ざる菊、ヒマワリ、コウテイダリアなどを植え付けました。ざる菊などの花が見頃となった11月18日（日）には、自治会のレクリエーション部などの協力を受け、豚汁、焼き鳥などの模擬店やみかん、柿、キウイ、野菜などの販売を行いました。当日は、1000人を超える集客があり、農産物や模擬店の品々も完売しました。

また、農産物などの販売以外に、ブルーベリー狩りや、梨のもぎ取り、直売などができ

11月に咲いたヒマワリ

コウテイダリア

コウテイダリアなどの無料配布

る観光農園のＰＲをし、多くの来園者の予約の確保をした。なお、11月の集客数は１５、０００人を数え、テントで販売した農産物は即日完売してしまうほど盛況でした。

更に、２００７年12月の22日〜29日に行ったコウテイダリアとトランペットフラワーの増殖用の枝の無料配布には、１９１家族が訪れました。地域住民と一体となって創る「花の理想郷づくり」に向けた取り組みは着実に進んでいます。

２００８年６月には、ざる菊畑と農道を挟んだ約３０００㎡の農地の利用集積を行い、あしがらユートピアの新たな花として「ガーデンマム（洋菊）」の植え付けに着手しました。

10月には１０００株が咲く花畑に、２０、０００人以上の来園者があり、土、日、祝日などの農産物の販売には、グループ以外の農家も参加し、「安心・安全・新鮮そしてリーズナブル」をモットーにテントでの対面販売が行われ、ユートピア農園ならではのものとして来園者に喜ばれました。

花の苗などの無料配布は、２００８年も引き続き行われ、５月のざる菊の苗には、４５６家族、５団体、12月のコウテイダリアなどには、２１０家族が訪れ、グループが目指す「花の理想郷づくり」の輪は年を追うごとに広がっています。

今後の展望は、あしがら花紀行とフラワーユートピア構想による双璧の花のエリアづく

対面による農産物の販売

足柄人形などの特産物の販売

ざる菊畑に多くの来園者

畑にはハイヒールの女性が

農園に設置された看板

あしがらユートピアのメンバー

神静民報

2010年（平成22年）4月29日（木曜日）

両陛下とお話しする好機

あしがら花紀行 千津島地区実行委

内閣府の式典に出席

緑化推進で総理大臣表彰

南足柄市の市民団体「あしがら花紀行千津島地区実行委員会」（瀬戸良雄会長）のメンバーら6人がこのほど、東京都内で開かれた「第4回みどりの式典」（内閣府主催）に出席、鳩山由紀夫首相から今年度の緑化推進運動功労者として内閣総理大臣表彰を受けた。

賞状を手にする瀬戸会長と実行委メンバーら

同功労者は農林水産省管轄の緑化推進連絡会議（議長、赤松広隆農林水産大臣）が選び、緑化推進運動や緑化思想の普及と啓発に功績のあった個人、団体を表彰する。今年度は同実行委を含め3個人、10団体が選ばれた。

式典には天皇、皇后両陛下が出席され、鳩山首相ら政府要人や関係省庁職員合わせ約400人が集まった。

同市からは瀬戸会長、同実行委役員の高橋達是、瀬戸耕一郎、瀬戸忠の3氏、加藤廣志同市農林振興課長、古屋富雄同市農業委員会事務局長が出席した。

表彰式を含む式典に続きレセプションがあり、参加者は互いの活動を紹介するなどして親睦を深めた。レセプションで瀬戸会長は、両陛下と直接言葉を交わす機会に恵まれた。

瀬戸会長は両陛下に活動内容などを紹介、県内での開催が迫る「第61回全国植樹祭」（5月23日）の話題も出た。両陛下から活動への激励も受けたという。他のメンバーに対しては、皇后陛下がねぎらいの言葉をかけられたという。

メンバーらは「今後の活動の励みになっただけでなく、人生の励みにもなった」「単なる冠ではなく、素晴らしい表彰をいただいた。これからの心の支えになる」と感激した様子で振り返った。

瀬戸会長は「栄誉ある表彰をいただき光栄です。地域おこしに取り組んできた先輩方の意思を絶やさず、活動がわれわれの子孫の代まで続いていくよう精一杯尽くしていきたい」と力強く語った。

2010年（平成22年）4月29日（木曜日）

りを足柄地域全体に展開させることにより、東京、横浜などの都市住民との交流による、年間４００〜５００万人の都市交流型の経済圏を誕生させたいと考えています。

２　フラワーフレンドリーシティー（花による都市交流）

花による他市との交流については、２００３年12月、南足柄市の千津島地区を活動拠点として、春めき（桜）やハナアオイ、酔芙蓉など四季折々に咲く花による地域おこしを実践する「あしがら花紀行千津島地区実行委員会」と、東京都羽村市が、酔芙蓉の増殖用の枝の提供をきっかけに始まりました。そして、この交流は、市長同士が面会を重ねることにより、防災協定の締結が結ばれるなど発展しています。

そして、この羽村市とのような花による都市交流を、全国に拡大するため、「市町村の交流はまず、花から始めるという肩ひじの張らない取り組み」として、「フラワーフレンドリーシティー」と称し、市長（澤　長生市長）の決裁を受け、市の事業となりました。

以来、神奈川県の秦野市や藤沢市、そして、静岡県の富士宮市などと、交流を結ぶことになりました。

秦野市との締結式　左が澤市長

この3市とは、すでに、防災協定が締結されていましたが、更なる交流を深めるため、私からの春めきの提供を契機に、「フラワーフレンドリーシティー」の締結となりました。

また、当市の農業委員会には、市民農業者などの農業参入システムの視察や講演時には、必ず春めきの苗木の提供を行っています。そして、肩ひじの張らない、花による都市交流「フラワーフレンドリーシティー」の締結希望を記した贈呈書も一緒に手渡しています。

提供した、春めきの苗木は2〜3年後には、花をつけ咲くことでしょう。そして、この花の数の多さや綺麗さに、きっと驚くはずです。この「フラワーフレンドリーシティー」が、全国的に拡がることを期待しつつ、今後も苗木の提供を続けていきます。

植樹式も執り行われた（藤沢市）

岐阜県瑞浪市へ苗木提供（2012年11月視察時）

タウンニュース®
㈱タウンニュース社 ☎0465-35-3980㈹ FAX0465-30-1290 足柄編集室・〒250-0042小田原市荻窪306 http://www.townnews.co.jp
発行責任者／宇山 知成
編 集 長／高野いつみ

南足柄市 広がり見せる花の交流

富士宮市長がざる菊などを視察

花による都市交流「フラワーフレンドリーシティ」を進める南足柄市に10月18日、同協定を結ぶ静岡県富士宮市の須藤秀忠市長が訪れ、加藤修平市長と花を通した都市交流をはじめ災害時の相互応援など多方面にわたる協力関係を確認した。

握手を交わす加藤市長（中央左）と須藤市長（中央右）

南足柄市と富士宮市は平成17年6月に災害時の相互応援に関する協定を結んだことをきっかけに、行政だけでなく民間レベルでの交流も盛んに行われている。市内各地で育てられているざる菊やはるめき桜、ハナアオイなどを贈る民間交流のほか、平成23年4月には花による都市交流事業「フラワーフレンドリーシティ」の協定を結んだ。

須藤市長を迎えた加藤市長は「今後も花を通した交流を続けていき、相互に協力する関係をしっかりと築いていきたい」と話した。

同市塚原にあるユートピア農園などを視察した須藤市長は「南足柄市さんの協力をいただいて当市でも花による地域おこし〝花いっぱい運動〟を進めていきたい。菊などを市民の協力を得て植栽し、花の名所を作りたい」と話した。富士宮市では今後、市内の公園や幹線道路沿いなどを視野に、ざる菊の植栽を進める予定。南足柄市から始まった花による都市交流が日本各地へ広がりを見せている。

農園を視察する須藤市長

3　卒業生を送る桜「春めき」

新入生を4月に迎える桜としては「ソメイヨシノ」が定番ですが、卒業生を3月に送る桜は見受けられません。

しかし、3月の中旬から下旬にかけて咲く桜に、「春めき」があります。この桜は私が平成12年3月に農林水産省に品種登録したもので、ソメイヨシノより一足早く、3月に咲く桜として、全国に広めています。

花の色はやや紫がかった鮮やかなピンク色で、一枝に付く花の数が多く、香りも楽しめます。樹高は最大8メートルで、杯のように左右に広がる特性があります。

私は以前から卒業生を送る桜として、全国の小中学校に「春めき」を提供したいと考えていました。そのきっかけになったのは、平成22年5月、林野庁や農林水産省、社団法人国土緑化推進機構などが主催する、第21回森と花の祭典みどりの感謝祭受賞会場での、群馬県川場村川場小学校の堤恵理子教頭先生と、六年生の川田真理奈さんや、金井夢乃さんとの出会いでした。

来春卒業する川田さんと金井さんに、小学校の卒業記念に「春めき」を植栽していただ

春めき

き、全国の小中学校に卒業生を送る桜として、川場小学校がその第1号になっていただけないかとの話に発展しました。

その後、堤教頭先生と話を進め、平成23年1月に「春めき」の贈呈となり、卒業生を送る桜「春めき」がスタートしました。

平成24年2月には、大分市に100本、平成25年1月には京都市に100本を贈呈しました。また、平成26年には羽村市に50本を予定しています。今後も、ライフワークの一環として、出来る限り、多くの小中学校に「春めき」をプレゼントさせていただき、卒業の門出を一足早く咲く桜でお祝いしたいと思います。

平成25年1月13日に「卒業生を送る桜」

として、京都市（門川大作市長）へ「春めき」の苗木１００本を送りました。

京都市への贈呈は、平成23年9月に香川県で開かれた「花と自然のまちづくりフォーラム」での井上方志京都市立蜂ヶ岡元中学校長との出会いが、きっかけで実現したのです。

当時、井上先生は、脳梗塞を患い、多少お身体が不自由で、そのリハビリも兼ね「花と自然のまちづくりフォーラム」の事例発表者として参加されていました。そして、そのサポートを奥様の郁子さんが行い、夫婦二人三脚での事例発表に取り組まれ、見事に成し遂げられた姿に私は深く感銘を受け、お話をさせていただいたことが、今回のきっかけとなりました。

先生の花による取り組み事例は、アジサイを活用した中学生による花のまちづくりでした。卒業する3年生が挿し木で増殖したアジサイの苗木を2年生にバトンタッチし、町中に広めていく、地域と一体となった花のまちづくりです。

そして、その発案者が先生であり、この取り組みを今後も継続していく未来志向の内容でした。

この時、私は、卒業生にもプレゼントできる「卒業生を送る桜・春めき」を先生にお話しして、アジサイに次ぐ、取り組みとして委ねることを提案しました。

また、このことを目標にされ、先生のリハビリが進むことを心に強く願いました。

それから、先生とは電話で話し合いを重ね、電話をかける度に先生のお話しされる声に力強さが感じられるようになりました。そして、〝すっかりお元気になられましたね〟という私の問いかけに〝お陰さまで元気になりました〟という言葉が返ってきました。先生の回復された様をまのあたりにして、人は如何に、目標を持った生活を送ることが意義あることかと改めて認識しました。

その後、京都府農業会議から講演の依頼があり、平成25年3月1日に京都市へ行く旨を先生にお伝えしたところ、門川大作京都市長にお会いできる機会を設けましょうということになりました。講演は、午後からのため、午前11時頃に京都市役所で市長さんとの面談を計画されていましたが、丁度市議会が開催されており、教育長さんが面談をしていただけるようご配慮を賜りました。

当日10時15分、京都駅の新幹線出口に、先生が出迎えに来ていただけるとのことで、約1年半ぶりの再会を楽しみにしておりました。

改札を出ると、元気そうな先生の姿が目に入り、お会いするや否や、固く握手をさせていただきました。

先生は、しっかりした口調で話され、歩き方もスムーズで脳梗塞を患ったことなど嘘だっ

左が生田義久京都市教育長と右が井上方志京都市立蜂ヶ岡元中学校長

たかのように健康を取り戻されておられました。

11時20分、京都市役所を先生とともに訪れ、生田教育長と面談をしました。教育長を始め、教育委員会事務局の職員の皆さま方からも、桜で卒業式に子供たちを送ることのできる「春めき」の贈呈に、深く感謝されました。

また、贈呈した１００本の内26本は、同市右京区の京北地域でまちおこしに活用されるとのことで、今後は、春めきを活用した同市の観光資源の方向性についても話し合いがなされ、同市で希望されれば苗木の提供をさせていただく旨を約束したのです。

今回は、議会中とのことでお会いするこ

とができなかった門川大作市長との面談も、次回は出来るよう配慮していただけるとのことでした。

同日の午後は、京都府農業会議、宇治地方農業委員会協議会が主催する「都市ブロック農業委員研修会・交流会」の基調講演で、「市民農業者制度と〝農地の社会化〟の推進について」と題した講演をしました。そして、この講演会に先生も同席され、卒業生を送る桜の話をされることになり、参加されていた京都府内の農業委員さんからも、自分たちの市や町にも春めきをいただきたいとの要望が出され、即、快諾しました。

講演終了後は、分科会に先生とともに出席しました。分科会では、京都でも農業後継者や耕作放棄地の増加が切実な問題であり、講演で話した「市民農業者制度」や耕作放棄地の解消対策の一つとして提案させていただいた「(*)耕作放棄地の目的税の導入」などについて、さらに踏み込んだ意見交換をすることができました。

分科会は、4時30分に終了し、その後、先生の奥様、郁子さんが予約された祇園の料亭で夕食を共にすることになりました。

食事をしながらの会話は、香川県での出会いから今日までのことや「卒業生を送る桜・春めき」のことなど、まさに〝話しに花が咲いた〟とても有意義で楽しいひと時でした。

(*)相続等により取得された農地が耕作放棄されている場合が多く見受けられる状況を踏まえて、

井上方志さん、郁子さんご夫妻と　祇園にて

その農地に対して課税をすることにより解消を図る目的税。

春めきの小中学校への配布については、井上先生の指導により行われ、62校が植樹をしたとのことで、私宛てにお礼の手紙やハガキが多数寄せられ、この取り組みを実施した甲斐がありました。

その手紙やハガキには、春めきが咲くことへの期待感を綴ったメッセージが記されており、その表現方法に子どもたちの一生懸命さが感じられ、微笑ましく、楽しく読んでおります。

また、春めきを植えている写真も数多く同封されていました。

その中には、卒業前の6年生による「記念植樹」時での寄せ書きなども同封

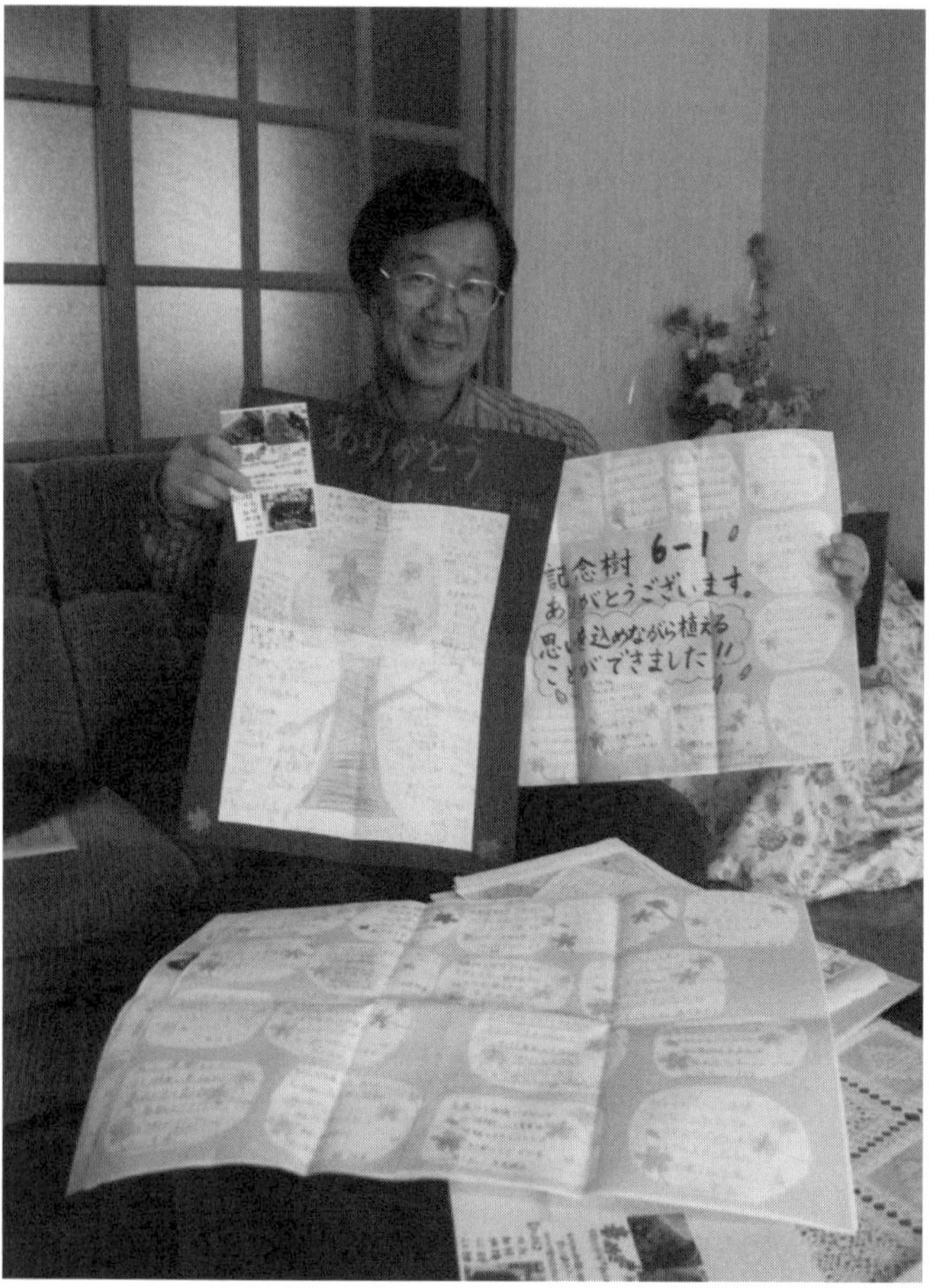

子供たちから送られてきた寄せ書きなど

タウンニュース®
株式会社タウンニュース社　☎0465-35-3980代　FAX0465-30-1290　足柄編集室・〒250-0042小田原市荻窪306　http://www.townnews.co.jp
発行責任者／宇山 知成
編集長／高野いつみ

「卒業式に桜咲いて」

京都市へ苗木100本を寄贈

南足柄市在住の古屋富雄さん（60）が1月13日、ソメイヨシノより半月ほど早い時期に咲く桜「春めき」（足柄桜）の一年生の苗木100本を京都市（門川大作市長）に送った。

南足柄市役所の職員（大型直売交流施設担当部長）でもある古屋さんは、一昨年に香川県で開催された「花と自然のまちづくりフォーラム2011」で事例発表を行った際、同じ発表団体の一つであった京都市立蜂ヶ岡中学校の井上方志校長と知り合いになった。このことが縁となり、今回の寄付が実現したもの。古屋さんから寄贈された春めきは、植樹を希望している京都市内の小中学校76校に配布される予定。

春めきの品種登録者である古屋さんは、春めきが3月中旬の卒業式の頃に開花することから、『卒業生を送る桜』として全国の学校に贈ろうと、3年前に思いついたという。昨年は大分市の小中学校に100本を提供している。

井上さんは「入学式の時にはソメイヨシノが入学生を迎えてくれるが、卒業生を送る桜はなかった。春めきは京都では珍しい桜。市内の76校で卒業生を送る桜として、いっせいに開花することを楽しみにしている」と期待を寄せた。

「春めき」を梱包する古屋さん

されており、私にとってはこの上ない子供たちからの嬉しいプレゼントとなっています。

このように、今後も春めきを通して京都とは関わりを持ち、「卒業生を送る桜・春めき」や花による都市交流「フラワーフレンドリーシティー」などの輪が広がることを願いつつ、京都を後にしました。

4　定年チェンジ・ファーマー

「定年帰農者」という言葉は、農業関係者の間ではよく使われています。

その意味は、農村出身者が定年後に故郷に戻り農業に従事する。または、出身地を問わず定年退職者が農村に移住し、農業に従事する、ということです。

南足柄市では、2008年10月1日に施行した「南足柄市新規就農基準」により、自立できる農家の育成を行っています。さらに、2009年9月1日には、定年後農業をしたい人などを対象にした「市民農業者制度」を施行させ、農家以外の多様な担い手の確保に努めています。

農家は、専業農家と兼業農家に大別され、10年農林業センサスの専兼業別農家数（販売農家）（注９）によると、販売農家総数１６３万２千戸のうち専業農家45万２千戸、第１種兼業農家22万５千戸、第２種兼業農家95万５千戸が報告されています。それらの構成比率は専業農家27・７％、第１種兼業農家13・８％、第２種兼業農家58・５％です。専業農家率は30％に満たない状況であり、さらに自給的農家（注10）89万７千戸を加えると、構成比率は20％を切ってしまいます。

言い換えると80％以上が、農業以外の何らかの職業を持った兼業農家といえます。そこで、自給的農家を含めた兼業農家の継続・育成を図りつつ、安定した担い手の確保を目指す、兼業農家の新たなライフスタイルを提案します。

農業の継承を定年後（55歳から60歳）と家族間で予め決めておき、親から子へ、子から孫へと農業を継承させるビジョンで、その名称を「定年チェンジ・ファーマー」とします。

定年までは会社などに勤務し、定年後の安定した経済基盤を、厚生年金や共済年金、退職金などで準備することができるサラリーマン生活を送ります。そして、農業の継承を定年後と、予め決めた人生設計を意識することにより、定年後に向けた農業技術の習得や地域のコミュニティーとの関わり方などを、積極的に学ぶ姿勢が醸成されると考えます。

例えば、休日には、トラクターに乗り、草刈り機を使うという農業に従事する生活を送る中で、地域の風習や祭りなどの行事にも、自然と関心を持つようになるでしょう。

このように定年後を見据えた生活習慣が、スムーズな農業継承に繋がると考えます。

また、60歳では、農業に従事するのは、年齢的に遅いと考える人も少なくありません。このような人は、会社を退職し、国民年金の第1号被保険者（注11）になれば、農業者年金に加入することができます。

農業者年金は、厚生年金や共済年金などのような賦課方式（注12）ではなく、積立方式（注13）のため、景気の変動などに影響されるリスクはありますが、自ら積み立てた保険料は、将来の自分の年金給付に使われ、加入者や受給者の数に左右されない安定した財源が確保されたシステムです。

そして、その保険料は、月額20、000円〜67、000円を上限として、契約することができ、その年額の保険料の全額が、所得税や住民税の社会保険料控除になります。

仮に、55歳で会社を退職しても、この年金に加入することにより、国民年金に上乗せした年金が受給でき、老後の生活費の担保としても効果な手段となります。

また、奥様が農業従事者の場合は、一緒に加入することができ、「老後の妻へのプレゼント」にもなる年金です。

頑張る中高年

もちろん、兼農サラリーマンが、南足柄市新規就農基準（１０００㎡以上の農地の借り受け）により農家として認められ、かつ、その農業従事の実績が農業委員会などに認められれば、大いにこの年金が活用できるでしょう。

「定年チェンジ・ファーマー」は、「定年帰農者」のように単に定年後、農業をするという漠然とした就農形態とは違い、親から子へ、子から孫へと継承される就農形態であり、自給的農家を含めた兼業農家の継続・育成に寄与できるものと考えます。シルバー世代が日本の農業の一翼を担う「定年チェンジ・ファーマー」こそ、発想の転換であり、大きな可能性を秘めた農業施策の試行ともいえます。

「定年チェンジ・ファーマー」が農業関係者に広まることを期待します。

（注9）販売農家とは、経営耕地面積が30アール以上または農産物販売金額が50万円以上の農家。
（注10）自給的農家とは、経営耕地面積が30アール未満かつ農産物販売金額が50万円未満の農家。
（注11）第1号被保険者とは、農家などの自営業や学生、無職の人などが加入する国民年金だけの加入者のこと。
（注12）賦課方式とは、働く現役時代の人が払い込んだお金を現在の高齢者に支給する方式のこと。
（注13）積立方式とは、若い現役時代に払い込んだお金を積み立て、老後にお金を受け取る方式のこと。

第8章　日本の農業の現状について

1　進む農業者の高齢化

２０１０年農林業センサスによると、日本の農業就業人口は２６０万6千人で、５年前に比べて（23・３％）減少し、平均年齢は、65・8歳となったと報告しています。（次頁図）更に農林水産省の農林水産基本データ集によると２０１２年（概数）では、65・9歳と報告されており、今後ますます農業者の高齢化が進むことは必須であります。

そして、総農家数は、昭和25年の６１８万戸をピークに平成17年は２８５万戸、平成２2年には、２５３万戸と減少の一途をたどっています。

また、農業就業人口の年齢層別の割合については、15〜29歳が9万人（３・５％）、30〜39歳が8万千人（３・３％）、40〜49歳が14万7千人（５・６％）、50〜59歳が35万8千人（13・７％）、60〜64歳が31万9千人（12・２％）、65歳以上が１６０万5千人（61・６％）となっています。（１４５頁上図）

そして、20年後を担う39歳以下の年齢層が占める割合は、全体の６・８％と極めて少

農業就業人口と平均年齢（全国）

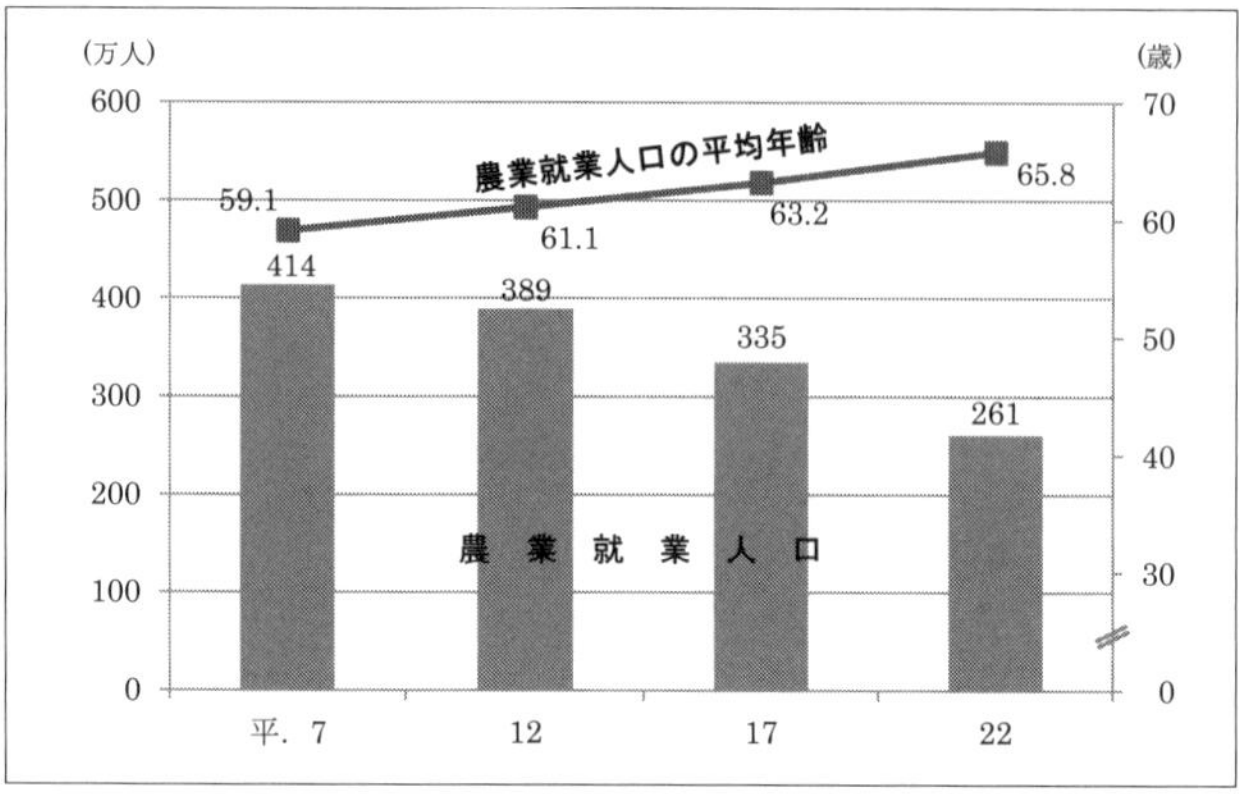

資料：農林水産省「2010農業センサス」

ない状況にあります。

また、当然のこと基幹的農業者についても同様な高齢化が進んでおり、農林水産基本データ集２０１２年（概数）によると、総基幹的農業者数は、昭和35年の１１７５万人をピークに、平成23年は１８６万人、平成24年（概数）には、１７８万人と減少の一途をたどっています。そして、その平均年齢は、65・9歳と報告されています。また、基幹的農業従事者の60％が65歳以上となっています。（次頁下図）

今まさに、日本の農業は、一刻の猶予すらない危機的な状況であると言わざるを得ません。

平成21年12月に施行された「改正農地法」などでは、その危機を食い止める手段の一つ

年齢別農業就業人口の構成（全国）

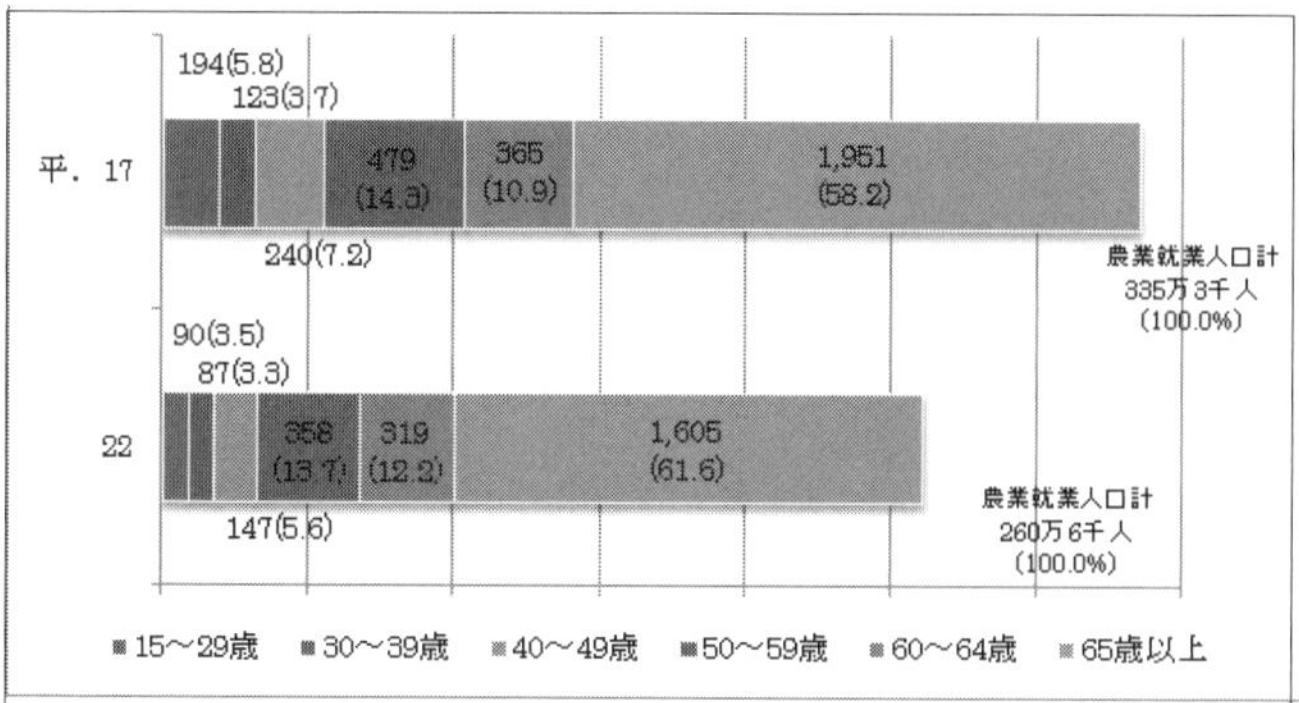

資料：農林水産省「2010 農業センサス」

資料：農林水産省「2010農業センサス」

基幹的農業従事者の割合

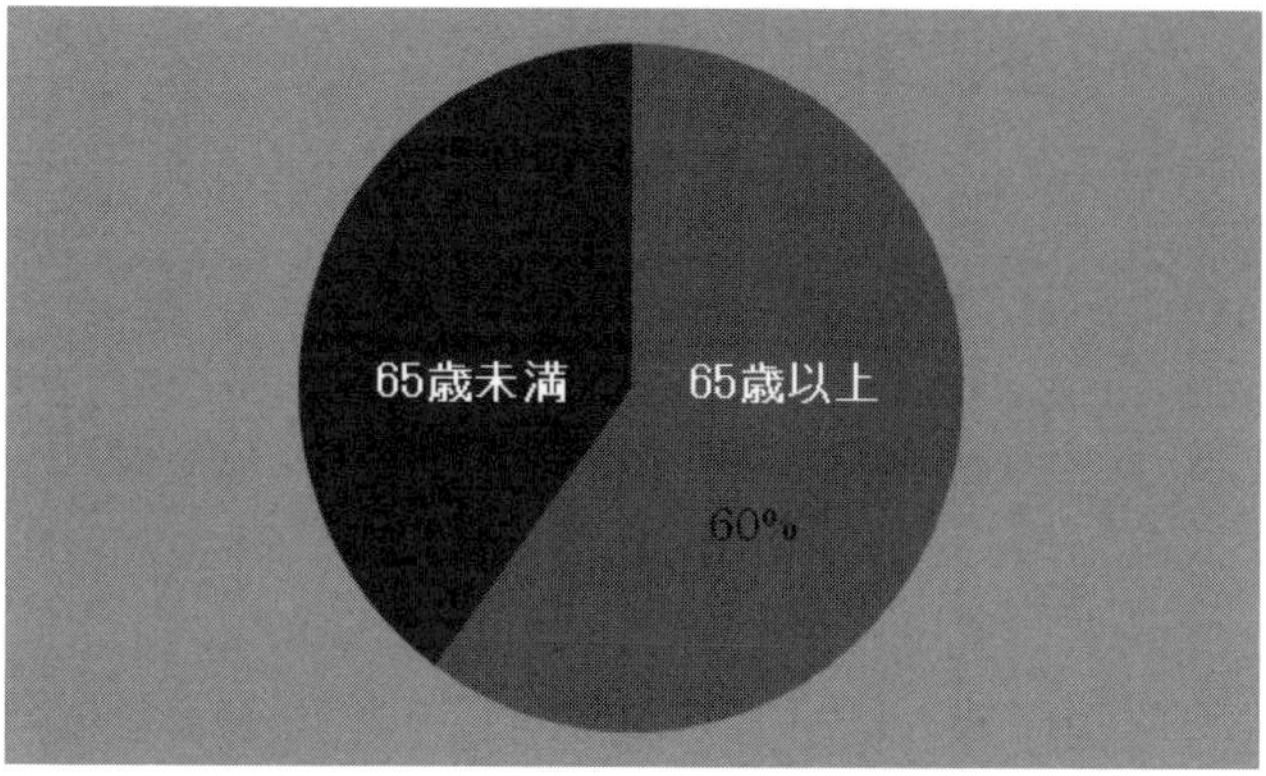

基幹的農業従事者：農業に主として従事した世帯員のうち、
普段の主な状態が「主に農業」である者

資料：農林水産省「2010農業センサス」（概数）

進む高齢化　南足柄市岡本地区のみかん園にて

として「農地の所有から利用」をスローガンに、新たな農業の担い手として、株式会社などの企業の農業参入を国策として打ち出しています。

このように国も危機感を募らせ、多様な担い手の確保・育成のための農業参入の門戸を開いているところです。

しかし、農業者の高齢化の具体的な解決策については、個々の農家の問題であり、この先に光明が見える方策を示すことが極めて難しい現状を突きつけられています。

2　進む耕作放棄地（遊休農地）

耕作放棄地は、平成2年（21・7万ha）から平成22年（39・6万ha）の20年間で、倍増しています。（次頁上図）

また、農家の形態別の耕作放棄地面積については、土地持ち非農家（42％）、と自給的農家（20％）で62％を占めています。（次頁下図）

次に、農業地域類型別の耕作放棄地面積については、中間農業地域が最も多く（39％）を占めていますが、山間農業地域（15・0％）、平地農業地域（28％）、都市的地域（18％）と、地域性の例外もなく耕作放棄地が存在しています。（149頁上図）

耕作放棄地の発生原因については、農業者の高齢化や労働力不足が最も高い要因に挙げられますが、地域間の農家同士の農地の貸し借り、特に農地を借りる農家がいないことや、耕作者が減少していることも大きな要因と考えられます。加えて、中山間地域で鳥や獣の被害が大きい、農産物のあいかわらずの価格の低迷など、勤労意欲を損なう要因も影響していると考えます。

2008年に南足柄市の農業委員会が行った耕作放棄地の実態調査について報告します。

耕作放棄地の面積の推移（全国）

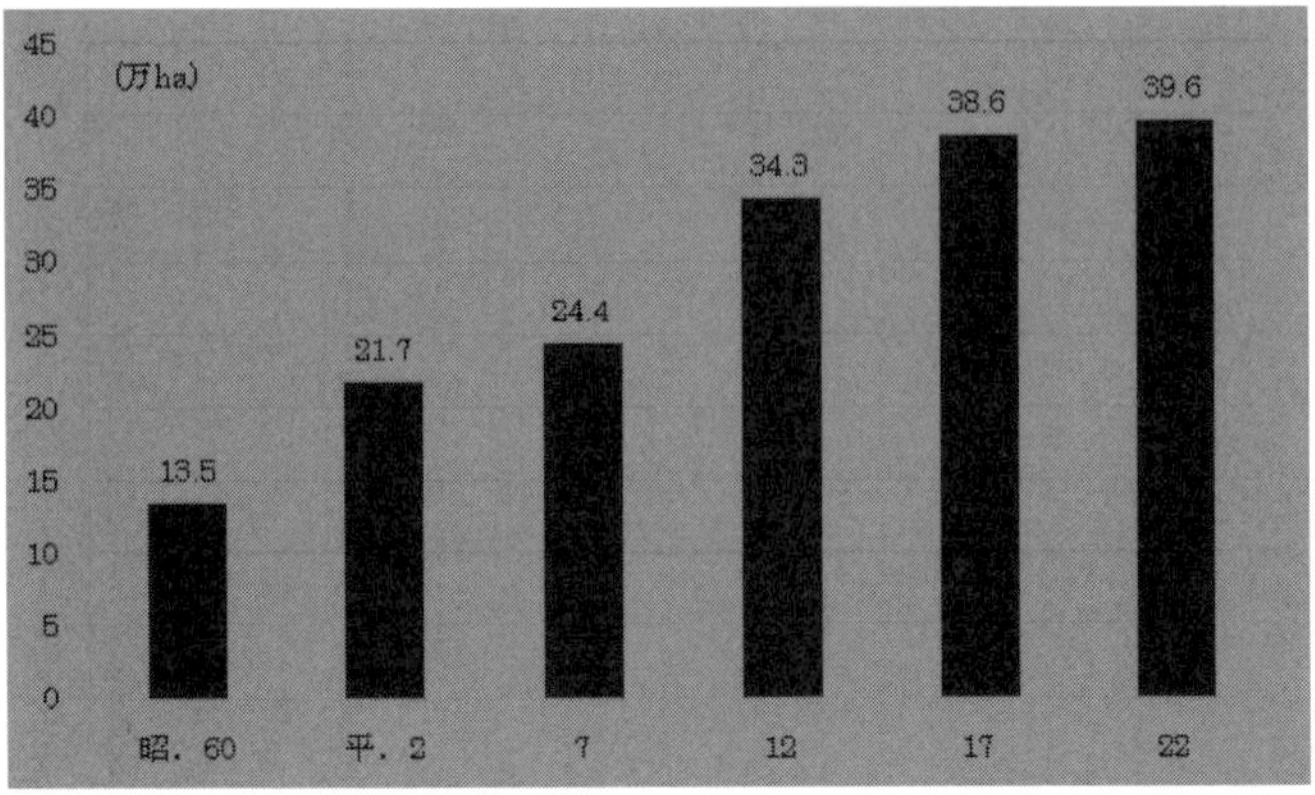

資料：農林水産省「2010農業センサス」

農家形態別耕作放棄地面積の割合

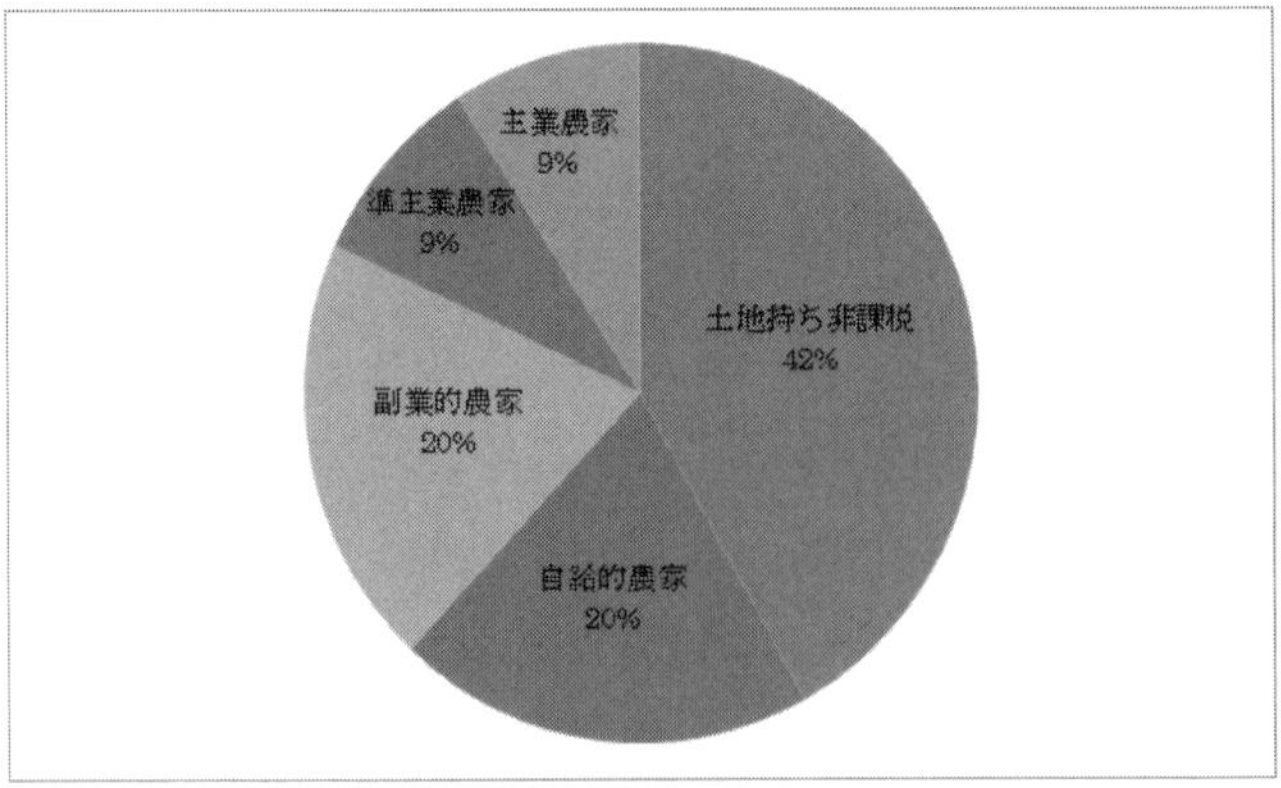

資料：農林水産省「2005農業センサス」

地域類型別耕作放棄地面積の割合

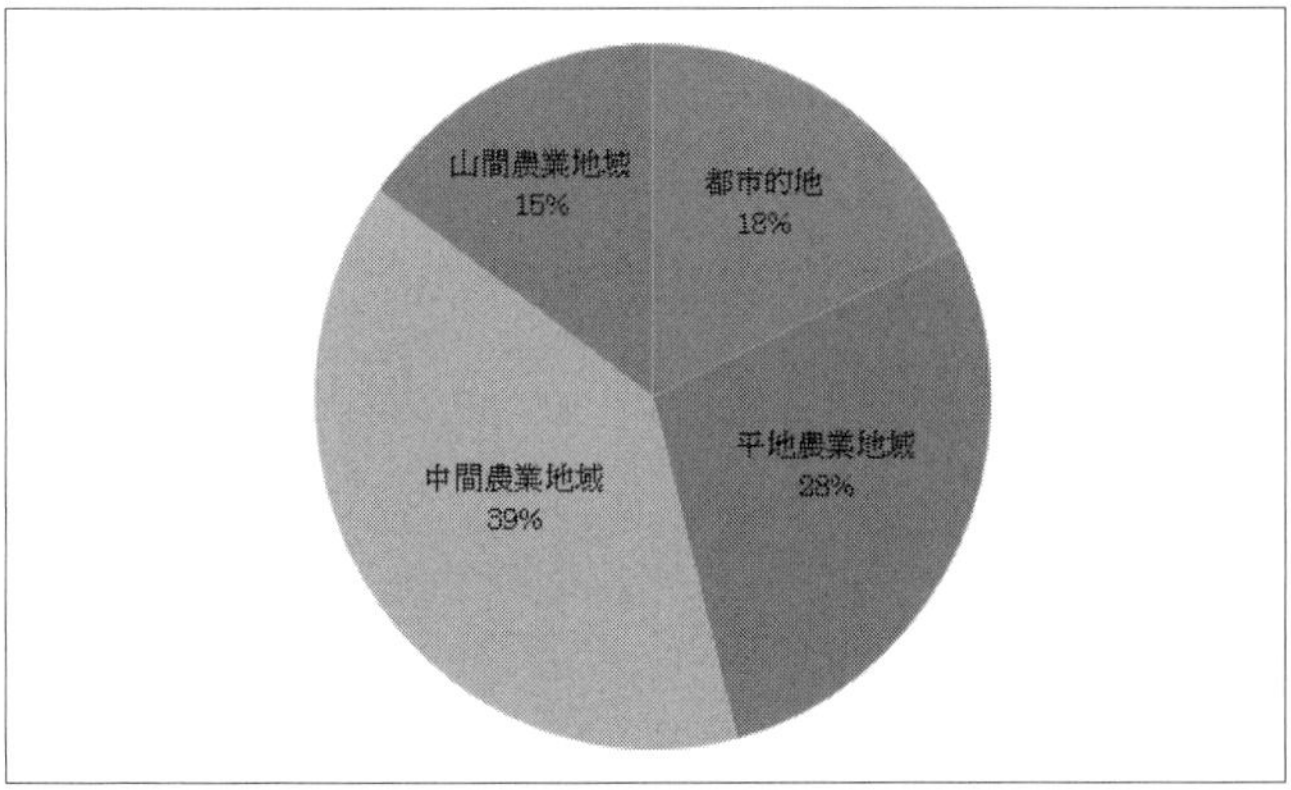

資料：農林水産省「2005農業センサス」

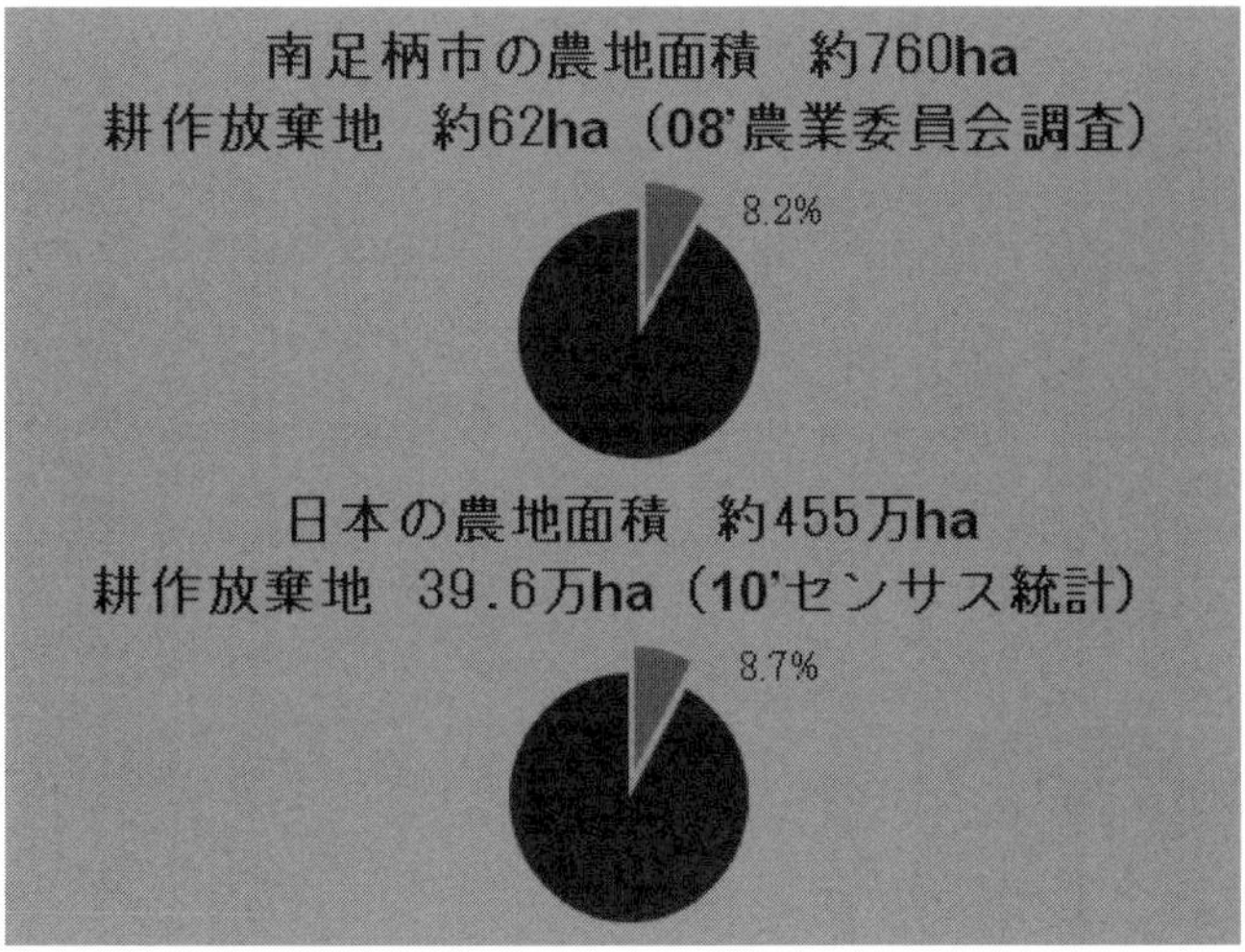

資料：農林水産省「2010農業センサス」

耕作放棄地　南足柄市南足柄地区
（以前は優良なみかん園でした）

市の農地面積は約760haで、そのうち耕作放棄地が62haで全体の8・2％を占めています。（前頁下図）

また、2010年の農業センサスの日本の耕作放棄地の割合は、8・7％となっています。

そして、耕作放棄地は、周辺の環境に様々な悪影響を与えます。一端放棄された農地は、1年で雑草が繁茂します。2年目には、ミズキ等の小灌木が生育し始め、その結果、鳥や獣のすみかとなり、病害虫や鳥獣害の発生原因となってしまいます。このような営農環境への悪影響がもたらす結果、農作物の収量が低下するとともに、農家の営農意欲さえ低下してしまいます。

また、放棄された農地に土砂やゴミ等の不法投棄等が多発し、地域住民の生活環境への悪影響も現実の事例として挙げられます。そして、良好だった景観も損なわれるなど、著しく地域の営農・生活環境を悪化させています。

このように、耕作放棄地が進むことにより、農家の生産意欲の低下のみならず、地域住民の農業への理解も低下してしまう、負の連鎖が国民全体に広がり、農業そのものに疑問を抱く環境を、農家自らが創ってしまっているのが現状と考えます。

3　進む食料自給率の低下

食料自給率とは、その国で消費される食料が、どのくらい国内の農業生産でまかなえているかを示す指数のことです。重量ベースの自給率、カロリーベースの自給率、生産額ベースの自給率の、3種類の計算方法があります。一般的に我が国で言っている食料自給率は、カロリーベースの自給率を指しています。

我が国の食料自給率が低下した主な原因は、食生活が大きく変化したことが考えられます。米の消費量については、そのピーク時の昭和37年では、1人1年当たり118kgから、平成15年度は、62kgと半減しています。一方、肉類の消費量については、昭和35年度では1人1年当たり5kgから平成15年度は、15kgと3倍に増加しています。また、近年は、食の外部化やサービス化が進む中で、大量かつ安価な輸入食品の需要が高まり、そのことが国内の農産物への需要が減少する傾向にあります。これらを整理すると①生活が豊かになり食の多様化（洋風化）と、食べ残しの増加、②農業者の減少に伴う生産量の減少、③海外の安価な食品の大量輸入、ではないかと考えます。

農林水産省は、ここ数年間40％で推移してきたカロリーベースの食料自給率が、平成23年度に39％に低下したと発表しています。これは先進国で最も低い食料自給率です。（次頁図）

カロリーベースの自給率とは、国内食料生産量（分子）を、国内消費量（分母）で割ったものです。したがって、大量の食べ残し（食品ロス）を出し、飽食の限りを尽くした現在の日本の食生活を前提にすれば、この分母が大きくなれば必然に自給率は、低下することになります。逆に第2次世界大戦後などの食料が不足していた時代では、食べ残すこともなく生産された食料は食べつくされ、計算上は、生産量=消費量で食料自給率は100

食料自給率（カロリーベース）%

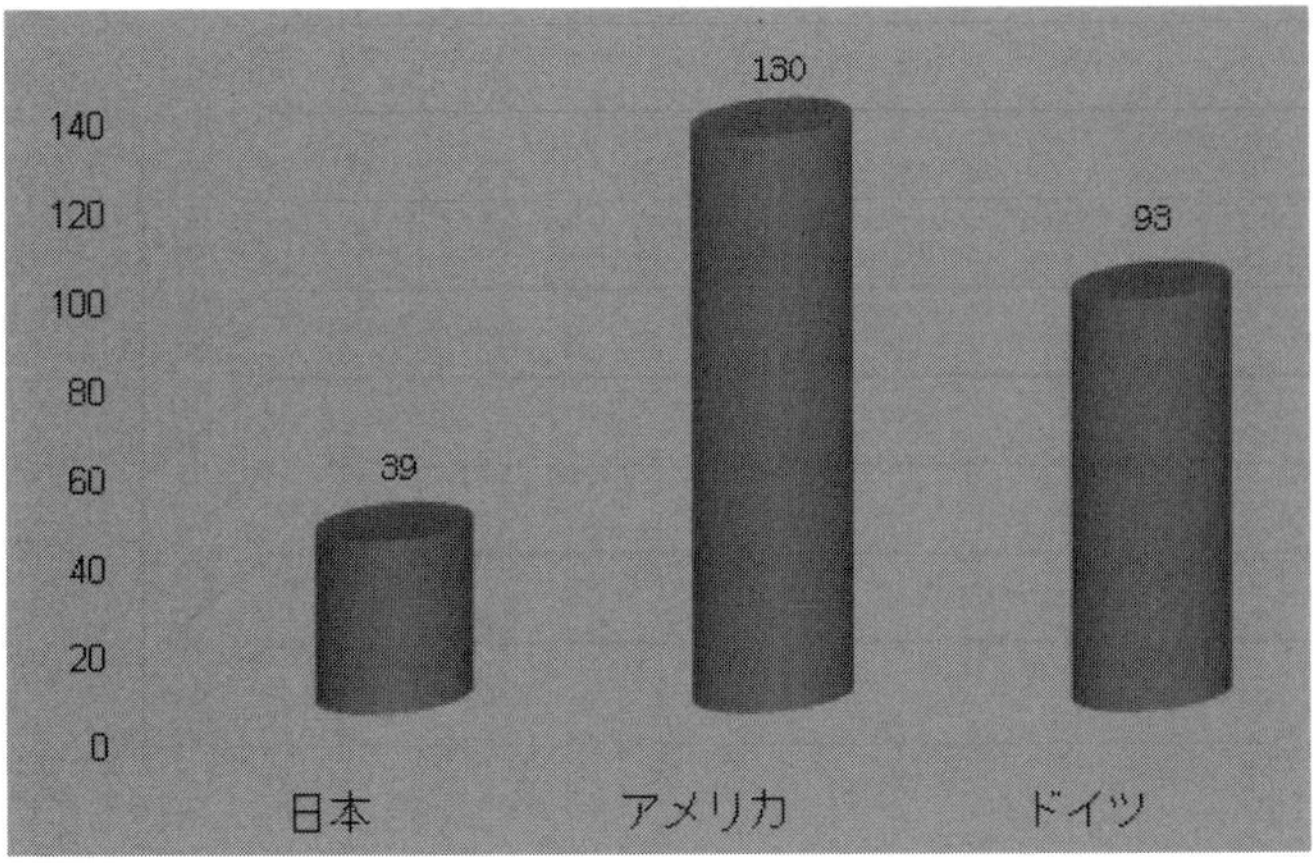

資料：農林水産省「食料需給表」平成23年度

%になります。

いかに、日本の現代が飽食の時代であるかということです。また、日本の食品ロスは、事業系では、約３００万～５００万ｔであり、家庭系では、約２００万～４００万ｔで、合計で年間約５００万～９００万ｔと推定されています。

私は、講演で食料自給率の向上について次のような例えで話をしています。

「食料自給率40%といえば、例えば生産量が40ｔで消費量が１００ｔの場合です。仮に生産量が40ｔと一定の時、人々が食べるものを粗末にしない（もったない）意識により、消費量が80ｔに減った場合は、40ｔ÷80ｔで食料自給率は、50%に跳ね上がります。さらに、農家以外の人が農業参入して生産量が50

tになった場合は、50t÷80tで食料自給率は、62・5％とさらにアップします」といったように、消費の面から食料自給率の向上ができることを示唆したものです。

一方、農林水産省では、農地の集団化や集落営農組織の立ち上げ、農業の法人化、企業の農業参入などによる、農作物の生産量の増加を目標に掲げた、食料自給率の向上を国の施策としています。しかし、国土の70％を山林が占める我が国では、山間の狭隘な田・畑も農地としてカウントしており、効率的な営農インフラの整備には、地形的に難しさがあります。

今後は、生産と消費の両側面から自給率の向上の施策を展開すべきだと考えます。

食料自給率の向上については、生産者サイドだけの問題ではなく、消費者サイドの理解・協力なくして、この狭隘な日本ではできないでしょう。

そして、このことを具現化するためには、誰でもが農業に参入することができる仕組みの推進を図り、農家以外の市民に「農と食」の理解を深める施策を法制化（立法化）すべきだと考えます。

第９章　農地の貸し借りについて

１　農地法と農業経営基盤強化促進法との貸し借りに伴う権利関係の違い

農地の貸し借りについては、農地法と農業経営基盤強化促進法による方法があります。

１、農地法（注14）は、農地改革の成果を恒久化するとともに、投機目的など不耕作目的の農地を防止するため、１９５２年（昭和27年）に制定された法律である。農地はその耕作者自らが所有することが最適であると認めて、耕作者の農地の取得を促進し、その権利を保護し、土地の農業上の効率的な利用を図ることを目的としています。

そして、農地を売ったり、貸したり借りたり（権利移動）する場合は、農地法第３条の許可を受けないと、民法上の効力が発しないこととされています。

また農地を、宅地など農地以外のものに転用する場合も、第４条、または第５条の許可を受けなければならないとしています。

このほか、農地の賃貸借のルールや、小作地の保有制限などを定めており、耕作者への権利（耕作権）が強く保護されている法律です。

耕作権とは、耕作者が農地及び採草放牧地を耕作しうる権利のことで、一種の賃借権である。耕作権には、永小作権、賃借権、使用貸借権、地上権、質権などがありますが、現実に一番多いのは賃借権です。

そして、農地の貸し借りの解約には、賃貸借契約である場合、書面による合意解約等の場合を除き、都道府県知事の農地法第18条許可が必要となります。

農地法による農地の貸し借りについて、申請者（借り受ける者、貸し出す者）は、農地法第3条の許可を受けなければなりません。申請先は、その申請案件により、農業委員会会長または都道府県知事となります。

手続きについて、申請者は、借り受ける者、貸し出す者双方の、住所、氏名、押印などがなされた「農地法第3条の規定による許可申請書」を、農業委員会会長または都道府県知事に提出します。

農業委員会や市町村は、同法の規定に基づき、審査、協議をし、許可を出すとしています。

借り受けた者には、法の主旨上、耕作する権利（耕作権）が強く発生することになります。

2、農業経営基盤強化促進法は、1993年（平成5年）に、「農用地利用増進法」を改正し新たに制定された法律です。

内容については、効率的かつ安定的な農業経営を育成し、これらが農業生産の相当部分を担うような農業構造を確立するために、農業経営の改善を計画的に進めようとする農業者に農用地の利用集積、経営管理の合理化その他の農業経営基盤の強化を促進するための措置を講じることにより、農業の発展に寄与することを目的として制定されています。

耕作目的の農地の貸借について、農地法の規制を緩和し、農地の有効利用と流動化を進め、農業経営の改善と農業生産力の増進を図ろうとするものです。認定農業者制度、農業経営強化促進事業（利用権設定等事業、農用地利用改善事業等）、農地保全合理化事業は、本法を基に行われています。

農業経営基盤強化促進法による農地の貸し借りについて、申請者（借り受ける者、貸し出す者）は、市町村が行う利用権設定等促進事業により、市町村が策定した「農業経営基盤強化促進基本構想（基本構想）」による農地の利用権の設定を受ける必要があります。

利用権とは、①農業上の利用を目的とする賃借権もしくは使用貸借による権利、②農業の経営の委託を受けることにより取得される使用及び収益を目的とする権利のことです。

手続きについて、申請者は、借り受ける者、貸し出す者双方の、住所、氏名、押印などがなされた「利用権設定等に関する申出書」を市町村長に提出します。市町村長は、同法の規定に基づき、農業委員会に意見を求め、農業委員会は、その内容を協議し、意見回答を行い、それを受けた市町村長は、利用権設定の契約を申請者双方による当事者間の契約ではなく市町村計画の公示によって農地の貸し借りの権利設定をするとしています。

そして、設定された農地の賃貸借は、農地法第3条の許可を必要とせず、小作地所有制限や解約等の対象とならないとしています。

すなわち、同法による農地の貸し借りについては、市町村が契約当事者であるため、農地を借り受ける者への権利移動は発生しません。

2 農業経営基盤強化促進法なら農家も安心して農地を貸してくれる

農地法での農地を借り受ける者には、法の主旨上、耕作する権利（耕作権）が強く発生することになります。

そのため、南足柄市の農業委員会での同法による農地の貸し借りについては、親類縁者など以外には、貸し借りの事例は皆無です。

要するに、親類縁者などなら権利の移動が発生しても、特に問題にしない関係があるように思われます。

このことについては、全国的な傾向であり、当市のみが例外ではないと考えています。また、農家は、第2次世界大戦後に実施された「農地解放」による経験から、いったん農地を貸してしまうと、借りた側に権利が移動してしまうという先入観を払拭できずにいるのも現状です。ゆえに、農地法での農地の貸し借りが親類縁者などに留まっていることを理解することができます。

一方、1993年（平成5年）に制定された農業経営基盤強化促進法では、農地の貸し借りについての契約が、市町村が契約当事者であるため、農地を借り受ける者への権利移動は発生しません。

そのため、農地を貸し出す者は、安心して農地を貸し出してくれるということです。

その結果、農地の貸し借りについてのほとんどすべてが、同法の「利用権の設定」によるものであります。

また、全国の市町村や農業委員会事務局では、認定農業者などへの農用地の利用拡大や流動化などを図るため、積極的な同法の「利用権の設定」を推進していますが、その対象は、認定農業者などの大規模農家を対象に進めたため、一般の農家への周知が若干遅れ気味になったことは否めません。

しかし、現在、認定農業者などへの土地の貸し借りが進まない状況がありますが、この権利移動の無い同法による農地の貸し借りは、一般の農家に理解が進み順調に推移しています。

農家に信用、信頼される者であれば、農地の借り受けは、さほど問題になる案件では無くなりつつあります。その信用、信頼される者になるためには、まず、新規就農者の相談窓口である農業委員会事務局などに電話をかける、もしくは直接訪れ、あなたが目指す農業への構想をお話しすることがその第一歩と考えます。

南足柄市では、農地法の農地取得の下限面積は30アールとしていますが、「農業経営基盤強化促進法」(以下、基盤法という)では、この下限面積の設定がありません。なぜなら、基盤法の主旨は、農地の利用拡大等を想定した法律であるからです。

しかし、市内では、農地の拡大を目指す認定農業者などへの農地の利用集積が相変わらずに進まない状況が生じており、小規模の農地（10アール以下）でも賃貸借などができるようにすることにより、農業の新たな担い手の確保に繋がることと考えました。

そして、平成19年4月には、市の将来の農業ビジョンである＊基本構想（南足柄市の農業経営基盤強化促進基本構想　19年及び22年策定）に「農業の自立を目指さない者に対しても賃借権または使用貸借を設定し要活用農地の利用の増進に努める」旨を明記しました。

「農業の自立を目指さない者」、後の「市民農業者」であります。

市では、この「農業の自立を目指さない者」を先行して育成することはせず、まずは、将来、認定農業者などの中核的な農家になるための担い手の育成として、平成20年10月に農家になるための仕組みとして「南足柄市新規就農基準」そして、次にその補完的な担い手として「市民農業者制度」を平成21年9月に策定しています。

＊南足柄市農業経営基盤の強化の促進に関する基本的な構想19年4月（抜粋）
新規就農の促進による要活用農地の利用の増進に関する事項
福沢地域（B）地区には、要活用農地が相当程度存在するものの、担い手の状況及び地理的条件からみて、認定農業者等による継続的な農地の利用が困難な状況となっている。
そのため、＊法第18条第3項第2号の要件を満たすと判断される場合に限り、農業による自立を目指さない者に対しても賃借権または使用貸借による権利の設定を行い、要活用農地の利用の増進に努めるものとする。

① 賃借権又は使用貸借による権利を受ける者の要件に関する事項

この項目により利用権の設定を受ける者は、次のいずれかに該当し、かつ別途定める様式による営農計画書を南足柄市農業委員会に提出しその承認を受けた者とする。

ア 南足柄市新規就農者育成事業（仮称）における、農業研修を修了した者

イ 独立行政法人及び都道府県その他の農業に関する研修教育施設において6ヵ月以上の継続した研修等を了した者

ウ 県知事が認定した農業経営士及びそれに準じる先進農家等において6ヵ月以上の研修を受け、研修受け入れ先農家が署名捺印した研修報告書を提示できる者

エ 援農等により2年以上農作業に従事している実績があり、地権者もしくは地域の農業委員が署名捺印した推薦状を持つ者

オ 神奈川県中高年ホームファーマー事業により、2年間以上耕作の実績がある者

カ その他、南足柄市農業委員会が法第18条第3項第2号の要件を満たすと判断した者

② 設定される賃借権又は使用貸借による権利の存続期間に関する基準及びその他の事項

ア 設定される権利の存続期間は3年未満の範囲内とする。ただし、権利を設定する農

用地において栽培を予定する作目の通常の栽培期間からみて3年未満の範囲内とすることが相当でないと認められる場合には、この範囲を超える存続期間とすることができる。

イ　利用権の設定を受ける者は、別途定める様式により耕作の状況について概ね6ヵ月毎に南足柄市農業委員会に報告するものとする。

ウ　設定される賃借権又は使用貸借による権利に関するその他の事項については、第4の1に定める基準と同様とする。

③　農業委員会による耕作状況の確認及び指導に関する事項

南足柄市農業委員会は、この規定に基づき利用権の設定を受けた農地について定期的に巡回し、農地の効率的利用がなされていないと判断される場合には、関係機関と協力のうえ利用権の設定を受けた者に対する適切な助言・指導に努めるものとする。

④　設定された利用権の期間が満了した場合の取り扱いに関する事項

利用権の設定を受けた農地の管理状況について、前項の活動によってもなお農地の効率的利用がなされていないと判断される場合には、再度の利用権の設定を行わないものとする。

＊南足柄市農業経営基盤の強化の促進に関する基本的な構想22年6月（抜粋）

新規就農の促進に関する事項

南足柄市には、耕作放棄地が相当程度存在するものの、担い手の状況及び地理的条件からみて、認定農業者等による継続的な農地の利用が困難な状況となっている。そのため、＊法第18条第3項第2号の要件を満たすと判断される場合に限り、農業による自立を目指さない者に対しても賃借権または使用貸借による権利の設定を行い、農地の利用の増進に努めるものとする。

① 賃借権又は使用貸借による権利を受ける者の要件に関する事項

この項目により利用権の設定を受ける者は、次のいずれかに該当し、又は別途定める様式による営農計画書等を南足柄市農業委員会に提出しその承認を受けた者とする。

ア 南足柄市新規就農者基準における、農業研修を修了した者

イ 独立行政法人及び都道府県その他の農業に関する研修教育施設において6ヵ月以上の継続した研修等を了した者

ウ 県知事が認定した農業経営士及びそれに準じる先進農家等において6ヵ月以上の研修を受け、研修受け入れ先農家が署名捺印した研修報告書を提示できる者

エ 援農等により2年以上農作業に従事している実績があり、地権者もしくは地域の農

業委員が署名捺印した推薦状を持つ者

オ　神奈川県中高年ホームファーマー事業により、2年間以上耕作の実績がある者

カ　神奈川県オレンジホームファーマー事業により、3年間以上耕作の実績がある者

キ　その他、南足柄市農業委員会が法第18条第3項第2号の要件及び市民農業者制度の基準を満たすと判断した者

②　設定される賃借権又は使用貸借による権利の存続期間に関する基準及びその他の事項

ア　設定される権利の存続期間は3年未満の範囲内とする。ただし、権利を設定する農用地において栽培を予定する作目の通常の栽培期間からみて3年未満の範囲内とすることが相当でないと認められる場合には、この範囲を超える存続期間とすることができる。

イ　利用権の設定を受ける者は、別途定める様式により耕作の状況について概ね6ヵ月毎に南足柄市農業委員会に報告するものとする。

ウ　設定される賃借権又は使用貸借による権利に関するその他の事項については、第4の1に定める基準と同様とする。

③　農業委員会による耕作状況の確認及び指導に関する事項

南足柄市農業委員会は、この規定に基づき利用権の設定を受けた農地について定期的に

巡回し、農地の効率的利用がなされていないと判断される場合には、関係機関と協力のうえ利用権の設定を受けた者に対する適切な助言・指導に努めるものとする。

④　設定された利用権の期間が満了した場合の取り扱いに関する事項

利用権の設定を受けた農地の管理状況について、前項の活動によってもなお農地の効率的利用がなされていないと判断される場合には、再度の利用権の設定を行わないものとする。

（注14）　農地法

農地改革の成果を恒久化するとともに、投機目的など不耕作目的の農地を防止するため、1952年（昭和27年）に制定された法律。

農地はその耕作者自らが所有することが最適であると認めて、耕作者の農地の取得を促進し、その権利を保護し、土地の農業上の効率的な利用を図ることを目的としている。

農地を売ったり、貸したり借りたり（権利移動）する場合は農地法第3条の許可を受けないと民法上の効力が発しないこととされている。

また、農地を宅地など農地以外のものに転用する場合も第4条または、第5条の許可を受けなければならない。

　このほか、農地の賃貸借のルールや小作地の保有制限などを定めている。

＊法第18条第3項第2号の要件　（農業経営基盤強化促進法）平成19年時

ア　農用地のすべてにおいて耕作する

イ　必要な作業について常時従事する

ウ　効率的に利用する

＊法第18条第3項第2号の要件　（農業経営基盤強化促進法）平成22年時

ア　農用地のすべてにおいてを効率的に利用し、耕作する

イ　必要な作業について常時従事する

第10章　新規就農者や市民農業者になるためには

まず、新規就農希望者は、農業委員会事務局に電話で相談するか、または直接出向いて新規就農の相談を行います。

農業委員会事務局では、本格的な農家を目指すのか、自給自足程度の農業を目指すのかの意思確認を行います。

そして、農家になりたい場合は農家資格を与えることのできる耕作面積が10アール以上の「新規就農基準」、自給自足程度の農業をしたい場合は耕作面積が10アール未満300㎡までの「市民農業者制度」に振り分けを行い希望する就農を提示します。

その後、新規就農希望者は、農業委員会が定めた就農計画書（農家になるための計画）や営農計画書（農業をするための計画書）等を作成し、毎月の月末に開催される農業委員会の総会の席で、新規就農者や市民農業者になるためのプレゼンテーションに臨みます。

そして、地域の農家やＪＡ、議会などから選出された14名の農業委員さんにより就農計画書や営農計画書などの資料に基づいた質疑応答が履行され、新規就農者や市民農業者としての合否がなされます。

女性の相談

ファミリーの相談

企業の相談

新規就農者と市民農業者のプレゼンテーション

企業そして県農業大学校生のプレゼンテーション

農地を借り上げ、農業を開始

　この総会でのプレゼンテーションは、様々な分野で実績がある農業委員さんによりプレゼンターの「人となり」を診ていただくことに意義があると考えています。この「人となり」を診ることとは、新たに農業を始める者が地域の人々と良好な人間関係を築くことができるかなどの人間性を見抜いていただくことにあります。

　また、就農計画書や営農計画書に示された、将来に向けた構想を実現できるかなどの意気込みを確認していただくことも重要です。

　このプレゼンテーションは、個人だけではなく、農業生産法人や企業も同様に実施しており、地域に溶け込んだ新たな農業の担い手の確保が図られています。

1　新規就農者になるための「南足柄市新規就農基準」の申請手続きについて

ア　新規就農者になるために（試行期間）

①農希望者（以下、希望者という）は、「就農計画書（試行期間用）」（別に定めた書式あり）を作成し、南足柄市農業委員会（以下、農業委員会という）へ提出すること。
②年齢は、20歳以上65歳未満であり、かつ、本市で農業が営める距離に居住していること。
③「就農計画書」には、就農する時期、地域そして、どのような農業経営類型を目指すかなどの目標設定や掲げる所得目標などを明記すること。
④希望者は、農業委員会事務局と就農にかかる相談を行うと同時に、就農希望地区の農業委員と調整を図り、試行期間用の利用権設定等に関する申出書（別に定めた書式あり）を農業委員会へ提出する。設定要件については、1年間の期間限定で耕作面積10アール以上とし、その際、地区担当の農業委員の「就農計画内容確認書」（別に定めた書式あり）の添付を必要とする。
⑤年間所得目標は、就農後3ヵ年経過した時点で、市の基本構想で定めた年間所得目標の

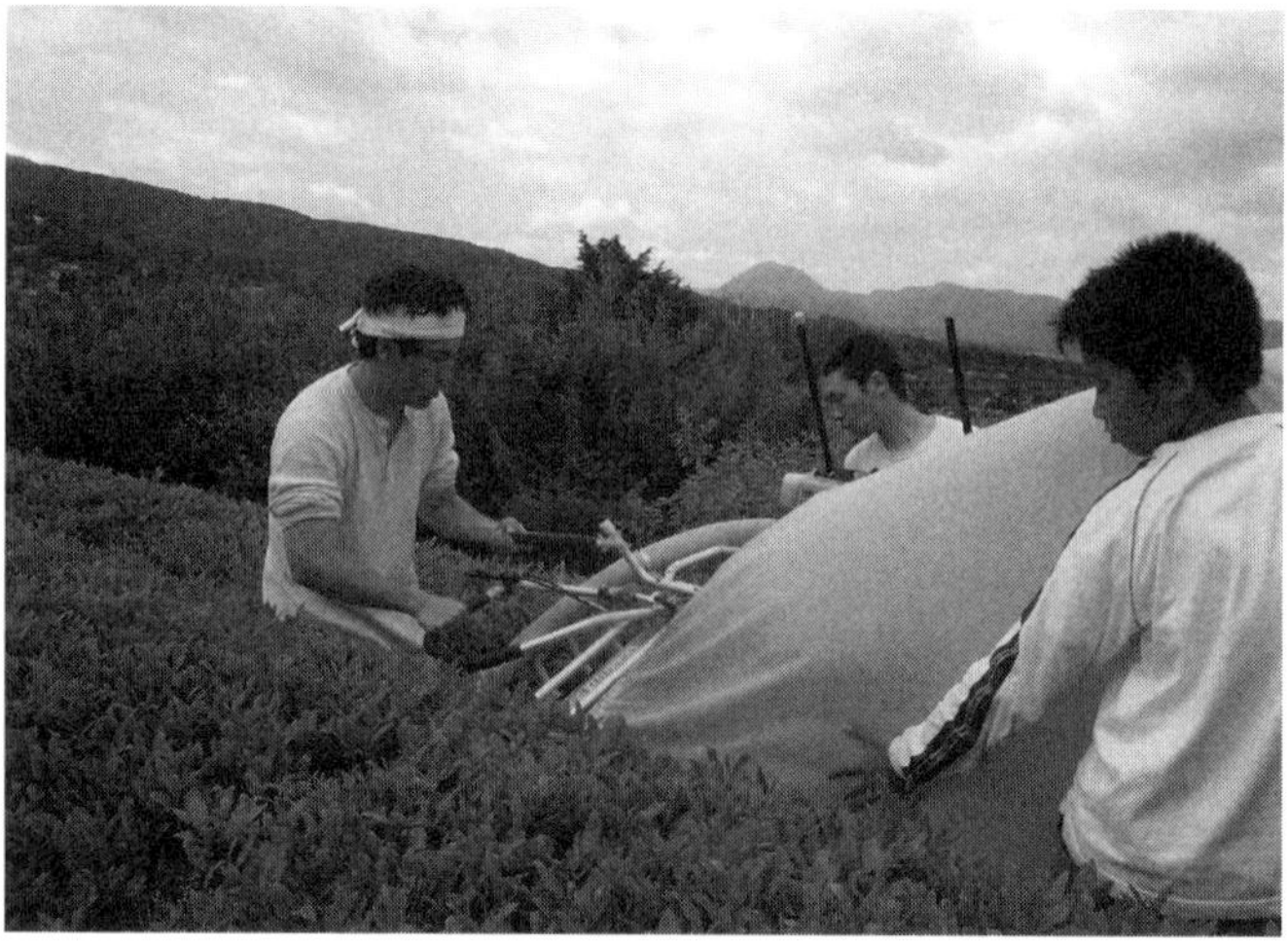

足柄茶の刈り取り作業

35%以上であること。（主たる農業従事者1人当り600万円、個別経営体当たり700万円）

⑥年間労働日数は、150日以上であること。世帯労働日数についても150日以上であること。（例えば、配偶者が年間60日以上の労働日数の時は、150日に含む。）

イ　本申請

①就農計画書（試行期間用）提出、1年間を経過した時「新規就農者認定申請書」（別に定めた書式あり）を作成し、農業委員会へ申請すること。（地区担当の農業委員の意見が付された「就農計画履行確認書」（別に定めた書式あり）の添付を必要とする）。

②農業委員会定例総会の承認後、「新規就農者認定書」（別に定めた書式あり）が交付され、正式な農家として就農できることとする。
③就農者は、新たに利用権設定等に関する申出書を農業委員会へ提出し、更なる農業経営規模の拡大の扉が開かれます。

ウ　その他

県などが実施する新規就農者に係る農業研修などを了した者は上記の対象外とします。

エ　施行日　　平成20年10月1日

2　市民農業者になるための「市民農業者制度」の申請手続きについて

ア「市民農業者」になるために

①市民農業者希望者は、「営農計画書（市民農業者用）」（別に定めた書式あり））及び「利用権の設定等に関する申出書（市民農業者用）」（別に定めた書式あり）を作成し、南足柄市農業委員会（以下、農業委員会という）へ提出すること。
②耕作面積は、南足柄市新規就農基準（平成20年10月1日施行）で定める面積未満（耕作

無農薬野菜の収穫作業

面積10アール未満3００㎡まで）とする。

③3要件の実施

イ　耕作に供すべき農地のすべてについて耕作すること。

ロ　耕作に必要な農作業に常時従事すること。

ハ　利用権の設定等を受ける農地を効率的に利用して耕作すること。

④利用権の設定等の期間は、3年未満の範囲とし、更新は可能とすること。

イ　農業委員会事務局の役割について

①農業経営基盤強化促進事業に基づき農地の貸し借り等を行うもので、「市民農業者」にかかる相談窓口になり、市と共にその一連の事務処理を行うこと。

②「市民農業者」の増員を図るため、その情報提供をし、新たな農業の担い手の確保に努めること。
③市と連携を図りつつ、行政委員会として最大限できる農業振興に努めること。
④耕作放棄地（遊休農地）の解消や食料自給率の向上に努めること。

ウ　農業委員の役割について

①「市民農業者」の3要件（イ　すべて耕作、ロ　常時従事、ハ　効率的利用）の履行の確認をし、農業委員会事務局に報告すること。
②利用権の設定等にかかる農地の斡旋に努めること。
③できる範囲の農業指導を心がけ、適正な農地の管理に努めること。

エ　その他

①農地の賃貸借については、標準小作料（別に定めた書式あり）を参考にすること。
②農地の管理については、周辺の景観に調和したものであること。

オ　就農者へのステップアップについて

①市民農業者から就農者へのステップアップを希望する者は、南足柄市新規就農基準に基づき、別途、申請すること。

カ　施行日

平成21年9月1日

以上が新規就農者や市民農業者になるための申請手続きと就農計画書や営農計画書などの記載内容を掲載したものですが、これを読むと、とても高いハードルで、サラリーマンをしながら農業ができる仕組みではないと感じられるのではないでしょうか。

例えば、新規就農者になるためには、

○年間所得目標は、就農後3ヵ年経過した時点で、市の基本構想で定めた年間所得目標の35％以上であること。（主たる農業従事者1人当り600万円、個別経営体当り700万円）

○年間労働日数は、150日以上であること。世帯労働日数についても150日以上であること。(例えば、配偶者が年間60日以上の労働日数の時は、150日に含む。)

そして、市民農業者になるためには、

○3要件の実施

イ　耕作に供すべき農地のすべてについて耕作すること。

ロ　耕作に必要な農作業に常時従事すること。

ハ　利用権の設定等を受ける農地を効率的に利用して耕作すること。

しかし、実際の農業委員会の審査ではこれらの事項は、あくまで審査基準に過ぎず、肝要なことは、新規就農者や市民農業者を目指す者が地域に溶け込み、地域の人々に受け入れられる人間性であるか、借り受けた農地の適正な管理ができるか。この2点を履行できる者であれば農業参入を認め、新たな農業の担い手の確保に繫げています。

また、農業参入者には、基本的に農業以外の職業を持つ兼業を指導しています。このことについては、いかに農業だけでは安定した収入を得ることが難しいかを農業委員自身が身を持って知っているからであります。

そして、新規就農者や市民農業者として認められた者の農業指導については、現職の農業委員やそのOB等によるサポート体制が整っています。

このサポートは、当初はボランティアで行っていましたが、神奈川県農業会議の「都市農業普及啓発支援事業」の支援金を充当し、サポーター1名に付き年間2万円から3万円の謝礼を支給させていただいています。

その結果、サポーターは、ボランティアの精神を持ちつつ、行政からの若干の謝礼が出ていることにより、社会性のある指導者として自身の培った技術を提供し、責任を持ったサポートが継続されているようです。

そして、このことを契機に、教える側と教えてもらう側の関係を超えた、まるで親戚付き合いのような深い絆へと発展している家族をすでに数件確認しています。

〝農は人をつくり、人を育み、人を豊かにする〟まさに、人の基となる第1次産業です。
さあ、勇気を持って「兼農サラリーマン」に挑戦してみませんか。

（参考） 農業委員会等に関する法律

農業生産力の発展及び農業経営の合理化を図り、農民の地位の向上に寄与するため、農業委員会、都道府県農業会議及び全国農業会議所についての組織、運営を定めることを目的とし1951年（昭和26年）に制定された。

農業委員会の所掌事務、農業委員選挙などについての規定がなされている。

終　章　兼農サラリーマンとＴＰＰ

安倍晋三首相は、平成25年3月15日、首相官邸で記者会見を開き、ＴＰＰ（環太平洋パートナーシップ協定）に参加することを表明しました。そして、その骨子は、次のとおりです。

○ＴＰＰ交渉参加により、米国とともにアジア太平洋地域で、新たな経済圏をつくることは、日本の安全保障や地域の安定に寄与する。

○コメなど「聖域」として掲げる「重要5品目」の保護を念頭に日本の農業・食を守ることを約束する。そして、攻めの農業政策で競争力を高め、農業を成長産業にする。

○日本の国益となるだけではなく、世界の繁栄に繋がるものとする。

○表明時期は今がラストチャンスであり、この機会を逃すと日本がルールづくりから取り残される。としています。

このことを受け、与党である自民党は、政府の交渉参加を容認する前提として、農林水産分野の「重要品目」をコメ、乳製品、麦類、砂糖、牛肉としているが、この5品目以外の農産物等も聖域化するため、5品目の末尾に「など」を加えることにより、それ以外のものも対象とする含みを持たせました。さらに、主語の表現はないが「聖域が確保できない場合は脱退も辞さない」ことを明記することで、党内の慎重派との調整を図ったとしています。

一方、政府が示したＴＰＰの影響試算によると日本の農林水産物の生産額は年間3兆円減少し、２００9年の40％の食料自給率は27％に低下する。（農水省の試算では、年間4兆５０００億円、40％が13％に低下するとしています。）

コメは、１／3が外国産に置き換わり、価格は大幅に低下し、牛肉や豚肉などは7割減り、乳製品は5割近くも減少。甘味資源作物やでんぷん原料用作物は全滅する。そのほか、国土を保全し、水源の涵養《かんよう》をするなど都市の人々も恩恵をよくする農業の多面的機能も失われ、金額換算では1兆６０００億円も喪失するとしています。（農水省の試算では、３兆７０００億円喪失するとしている。）

また、農水省は、日本がＴＰＰに参加して、多くの農産物の関税が撤廃された場合の国産農産物の値下がり幅を次のように試算しています。

政府が関税撤廃の対象としない「聖域」にしようと言っている農産物の、コメ、乳製品、麦類、砂糖、牛肉などは、いずれも高い関税で保護されてきたが、これらの関税がなくなった場合、「コメの国内生産は約4割、牛肉は8割に減少し、乳製品と小麦、砂糖の国内生産は、ほぼ消滅する」と予想しています。

そして、海外から安い農産物が輸入されるようになり、消費する側にとってはその恩恵を受けることができるでしょう。

しかし、その反面、生産する側には、大きな打撃を与えることになります。

このようにTPPへの参加については、消費者、生産者などそれぞれの立場によるメリット、デメリットが想定され、国を二分する国家的議論になっています。

農業分野では、TPPで工業製品の輸出が増え、それで農業を保護すると言う考えでは、これから先の農業の自立は望めないが反対ばかり言っているよりも、生き残る方法を考え、農政の大転換期と捉え新たな可能性に挑戦する。そして、主食のコメについては、段階的な値下げをする手法を導入し、経営コストの高い兼業農家の農地を専業農家に集積して生産規模を拡大させ、その結果コストダウンが図られると考える。というTPP参加を前向きに捉える農家があります。

その一方、戦後、国は主食のコメを一貫して保護しており、コメの余剰が深刻となった1970年以降は、生産調整、いわゆる減反施策を展開し、コメの価格維持に努め、零細な兼業農家などを支援してきました。そして、95年度まで続いた食糧管理法では、政府で決めたコメの買い入れ価格で全量買い取りをするなど手厚く農家の所得の保証に努めてきています。

このような農家においては、その経営に「競争原理」を働かせることや、経営戦略においても積極的に取り組むことをしないでも、それなりの経営が出来ていました。

これらの農家の多くはおよそ80%を占める兼業農家であり、TPPへの参加による「競争原理」を取り入れた農業への転換は、農家そのものの意識改革なくしては出来ない至難のことと考えます。

そこで、TPP対策の一つとして、第5章で提案しました私たちの命や国土を守ってくれる農業を附託できる「農業マイスター」への直接支払いの法制化をすることにより、確実な農業経営を担保したうえで、海外に活路を見いだす経営体の育成・支援を行うべきだと考えます。

また、耕作放棄地（遊休農地）の解消や食料自給率の向上を図るためにも「兼農サラリーマン」の存在は、クローズアップされることになり、我が国の農業と食を守ることについても、農家や農業関係者以外の国民として物を申す存在になりうると考えます。

TPPへの交渉参加が国益に叶うようにするためには、デメリットが多いとされる農業について、その参加否かを問わず、〝我が国の農業を今後どうするか〟という課題を国民全員で議論するためにも「兼農サラリーマン」となる国民を増やす時代が来ています。

昭和39年の木材輸入の全面自由化により、我が国の林業が衰退の一途をたどったような同じ轍は踏まないためにも、農業の将来に対して、国民的議論と対策が急務であると考えます。

おわりに

「兼農サラリーマンの力」について記載させていただきました。

我が国の農業を持続可能な産業にするためには、農家や農業関係だけで担っていける時代ではなくなったと思います。

そして、国民に開かれた農業参入できる仕組みを法制化（立法化）して初めて、その道が開かれるものだと考えます。

専業的に農業をする農家や法人などの経営体には、対象を絞った直接支払い制度を実施する。その一方、国土全体の農地の維持保全の必要性からは、小規模でも農業に参入したいと望む農家以外の農業参入者を積極的に受け入れる施策を同時進行させるべきです。

その結果、ドイツのクラインガルテンやロシアのダーチャでの先進事例が示すように、国民全員で農業への理解や食料の大切さを共有する環境が構築できるものと考えます。

そして、誰でもが農業参入できる、南足柄市の新たな農業参入システム「南足柄市新規就農基準、市民農業者制度」や大阪府の「準農家制度」などを全国的に展開すべきです。

その応援団は、「自給自足をしたい」、「農ある暮らしをしたい」、「田舎暮らしをしたい」それらを望む国民です。
〝流れは、来ています。〟
「兼農サラリーマン」が我が国の農業を「イ農ベーション」する時代は、すでに始まっています。

本書の発刊にあたっては、伊藤健一元農林水産省大臣官房総括審議官や「二宮金次郎の一生」や「孔子の一生」の著者、三戸岡道夫先生をはじめ、出版社の皆様には、大変お世話になり、心よりお礼申し上げます。

2013年5月

古屋　富雄

兼農サラリーマンの力

平成二十五年六月十日　第一刷発行
平成二十五年八月十日　第二刷発行

著　者　古《ふる》屋《や》富《とみ》雄《お》

発行者　石澤三郎

発行所　株式会社　栄光出版社
〒1400002 東京都品川区東品川1の37の5
電　話　03(3471)1235
FAX　03(3471)1237

検印省略

印刷・製本　モリモト印刷㈱

ISBN 978-4-7541-0139-8